Berichte aus dem
Institut für Umformtechnik
der Universität Stuttgart
Herausgeber:
Prof. em. Dr.-Ing. Dr. h.c. K. Lange

122

Norbert Becker

Weiterentwicklung von Verfahren zur Aufnahme von Fließkurven im Bereich hoher Umformgrade

Mit 95 Abbildungen und 2 Tabellen

Springer-Verlag
Berlin Heidelberg GmbH 1994

Dipl.-Ing. Norbert Becker

Institut für Umformtechnik
Universität Stuttgart

Dr.-Ing. habil. Klaus Pöhlandt

apl. Professor an der Universität Stuttgart
Institut für Umformtechnik

D 93

ISBN 978-3-540-58442-1 ISBN 978-3-662-10890-1 (eBook)
DOI 10.1007/978-3-662-10890-1

Gesamtherstellung: Copydruck GmbH, Heimsheim
SPIN: 10480286 62/3020 – 6 5 4 3 2 1 0

GELEITWORT DES HERAUSGEBERS

Die Umformtechnik zeichnet sich durch sehr gute Werkstoffauswertung und hohe Mengenleistung in der Serienfertigung gegenüber anderen Fertigungsverfahren aus, wobei Beibehaltung der Masse, Änderung der Festigkeitseigenschaften während eines Vorgangs und elastische Rückfederung der Werkstücke nach einem Vorgang wesentliche Merkmale sind. Weiter sind die benötigten Kräfte, Arbeiten und Leistungen sehr viel größer als z.B. bei spanenden Verfahren. Die sichere Beherrschung eines Verfahrens in der industriellen Fertigung und die zunehmende Forderung nach Vermeidung bzw. Minimierung spanender Nacharbeit erzwingen die geschlossene Betrachtung des Systems "Umformende Fertigung" unter zentraler Berücksichtigung plastizitätstheoretischer, werkstoffkundlicher und tribologischer Grundlagen.

Das Institut für Umformtechnik der Universität Stuttgart stellt entsprechend Forschung und Entwicklung zum einen auf die Erarbeitung von Grundlagenwissen in diesen Bereichen ab, zum anderen untersucht und entwickelt es Verfahren unter Anwendung spezieller Meßtechniken mit dem Ziel einer genauen quantitativen Ermittlung des Einflusses der Parameter von Vorgang, Werkstoff, Werkzeug und Maschine. Die Behandlung von Problemen des Maschinenverhaltens, der Maschinenkonstruktion sowie der Werkzeugauslegung und -beanspruchung, der Auswahl hochbeanspruchbarer, verschleißfester Werkzeugbaustoffe und schließlich der Tribologie gehört entsprechend ebenfalls zum Arbeitsgebiet, das durch die Erfassung organisatorischer und betriebswirtschaftlicher Fragen abgerundet wird.

Im Rahmen der "Berichte aus dem Institut für Umformtechnik"erscheinen in zwangloser Folge jährlich mehrere Bände, in denen über einzelne Themen ausführlich berichtet wird. Dabei handelt es sich vornehmlich um Abschlußberichte von Forschungsvorhaben, Dissertationen, aber gelegentlich auch um andere Texte. Diese Berichte sollen den in der Praxis stehenden Ingenieuren und Wissenschaftlern zur Weiterbildung dienen und eine Hilfe bei der Lösung umformtechnischer Aufgaben sein. Für die Studierenden bieten sie die Möglichkeit zur Vertiefung der Kenntnisse. Die seit zwei Jahrzehnten bewährte freundschaftliche Zusammenarbeit mit dem Springer-Verlag sehe ich als beste Voraussetzung für das Gelingen dieses Vorhabens an.

Kurt Lange

Vorwort

Die vorliegende Arbeit entstand während meiner Tätigkeit als wissenschaftlicher Mitarbeiter am Institut für Umformtechnik (IfU) der Universität Stuttgart.

Herrn Prof. Dr.-Ing.habil. Klaus Pöhlandt danke ich herzlich für die Betreuung der Arbeit, für das mir entgegengebrachte Vertrauen, seine großzügige Förderung sowie die wertvollen Diskussionen und Anregungen.

Herrn Prof. Dr.-Ing.habil. Herbert Dietmann bin ich für die Übernahme des Korreferates, für die eingehende Durchsicht dieser Arbeit sowie für die wertvollen Hinweise zu Dank verpflichtet.

Mein Dank gilt ferner meinem Lehrer Herrn Prof. em. Dr.-Ing. Dr. h.c. Kurt Lange für die Hinführung zur Umformtechnik und die Starthilfe bei Beginn der Arbeit.

Ebenso möchte ich Herrn Prof. Dr.-Ing. Klaus Siegert für die wohlwollende Unterstützung bei der Durchführung dieser Arbeit sowie für die Zusammenarbeit während all der Jahre am IfU danken.

Weiterhin bin ich allen Mitarbeiterinnen und Mitarbeitern des Institutes für Umformtechnik dankbar, die zum Gelingen dieser Arbeit beigetragen haben.

Die Mittel zur Durchführung dieser Arbeit wurden von der Deutschen Forschungsgemeinschaft (DFG), Bonn, zur Verfügung gestellt, wofür an dieser Stelle ebenfalls gedankt sei.

Sindelfingen, im Juni 1994

Norbert Becker

Inhaltsverzeichnis

Abkürzungsverzeichnis

Allgemeine Zeichen

a	mm	Breite der Stempel beim Flachstauchversuch
A_g	%	Gleichmaßdehnung
b	mm	Breite einer Probe beim Flachstauchversuch
B	-	Konstante beim Flachstauchversuch
c	-	"constraint factor" nach [73]
C	N/mm^2	Werkstoffkennwert
C_B	-	Korrekturfaktor nach Bridgman
C_S	-	Korrekturfaktor nach Siebel
C_N	-	neuer Korrekturfaktor
d	mm	Probendurchmesser
D	mm	Probenkopfdurchmesser
F	N	Kraft
h	mm	Höhe einer Stauchprobe
HO	-	Homogenitätsgrad
HV	N/mm^2	Vickers-Härte
k	-	Kerbziffer nach [38]
k	N/mm^2	Schubfließspannung
k_f	N/mm^2	Fließspannung
k_w	N/mm^2	Umformwiderstand
l	mm	Länge einer Probe beim Flachstauchversuch
L	mm	Meßlänge einer Zugprobe
L_c	mm	Versuchslänge einer Zugprobe (zylindrischer Teil)
LF	-	Längungsfaktor
n	-	Verfestigungsexponent
p	N/mm^2	Normalspannung nach [47]
q	N/mm^2	Normalspannung nach [47]
r	mm	Probenradius einer Zugprobe
R	mm	Krümmungsradius bzw. Kerbradius einer Zugprobe
R	mm	Kantenradius der Flachstauchstempel
RA	-	Reibungsanteil beim Flachstauchversuch
R_m	N/mm^2	Zugfestigkeit
R_p	N/mm^2	Dehngrenze bei nichtproportionaler Dehnung
S	mm^2	momentane belastete Fläche
SA	-	Schiebungsanteil beim Flachstauchversuch
v	mm/s	Geschwindigkeit

α	°	Neigungswinkel der Bahn beim Flachstauchversuch
α_k	-	Formzahl der Kerbe beim Zugversuch
η	-	Mehrachsigkeitsgrad nach [38]
κ	-	Mehrachsigkeitszahl nach [38]
π	-	Plastifiziervermögen nach [75]
ε	%	Dehnung
$\dot{\varepsilon}$	%/s	Dehnungsgeschwindigkeit
φ	-	Umformgrad
$\dot{\varphi}$	s^{-1}	Umformgeschwindigkeit
φ_d	-	Umformgrad aus Durchmessermessung
φ_g	-	Umformgrad beim Kraftmaximum (Gleichmaßdehnung)
φ_v	-	Vergleichsumformgrad
μ	-	Reibungszahl
σ	N/mm^2	Normalspannung
σ_1	N/mm^2	größte Hauptspannung
σ_v	N/mm^2	Vergleichsspannung
σ_m	N/mm^2	hydrostatischer Spannungsanteil (mittlere Normalspannung)
σ_n	N/mm^2	Nennspannung

Indizes

0	Anfangsabmessungen
1	Endabmessungen
1,2,3	Hauptrichtungen
x,y,z	kartesische Koordinaten
m	Mittelwert
max	Maximal...
min	Minimal...
Wz	Werkzeug

1 Einleitung

Die Kenntnis der Fließkurve k_f (φ) eines Werkstoffes ist gleichermaßen von Bedeutung für die Werkstoffwissenschaft wie für die Umformtechnik.
Viele Industrieunternehmen sind unter zunehmendem Konkurrenzdruck gezwungen, durch den Einsatz hochentwickelter Technologie ihre Fertigung zu rationalisieren und gleichzeitig qualitativ hochwertige Produkte anzubieten. Dabei kommt auch der theoretischen Beherrschung des Umformprozesses in Form von Simulationsverfahren eine verstärkte Bedeutung zu. Hierbei hat die Finite Elemente - Prozeßsimulation in den letzten Jahren erheblich an Bedeutung gewonnen, da sie durch die Ermittlung von Formänderungen, Spannungen und Materialfluß die Möglichkeit bietet, aufwendige experimentelle Untersuchungen zu verringern bzw. sie gezielter einzusetzen.

Basierend auf der Plastomechanik können heute sehr komplexe Umformvorgänge mit dieser FE-Prozeßsimulation bei Einsatz von Großrechenanlagen betrachtet werden. Bei der Berechnung von Werkstofffluß und Werkzeugbelastung mit numerischen Verfahren hängt die Zuverlässigkeit der Ergebnisse wesentlich von der Beschreibung der plastischen Eigenschaften des Werkstoffes ab. Die plastische Umformbarkeit eines Werkstoffes wird in der Regel durch die Fließspannung k_f beschrieben. Alle numerischen Rechenverfahren setzen die Fließkurve des umzuformenden Werkstoffes als bekannt voraus. Die Rechenergebnisse können daher nur in dem Maße genau sein, wie die Fließkurve bestimmt wurde. Bei der Ermittlung der Fließspannung können aber leicht Meßfehler bis zu ± 10% entstehen. Diese Fehler können sich bei einer FE-Prozeßsimulation vervielfachen [1].

Eine Untersuchung von Hirt und Altan [2] vergleicht drei verschiedene FE-Prozeßsimulationsprogramme. Diese und andere Ergebnisse zeigen, daß die heute verfügbaren FEM-Programme in der Lage sind, zweidimensionale Umformprobleme mit hinreichender Genauigkeit darzustellen, sofern die Ausgangsdaten für Fließspannung und Reibung mit hinreichender Genauigkeit eingegeben wurden. Ungenauigkeiten bei der Eingabe, besonders solche der Fließspannung, können beträchtliche Fehler bei der Vorhersage sowohl des Stoffflusses als auch der Umformkraft verursachen und damit bei der Auslegung des Umformwerkzeuges zu Fehlern führen.

Die ungenaue Kenntnis der Umformkraft kann über die Auffederungscharakteristik der Maschine das Umformergebnis beeinflussen und zum Ausschuß des herzustellenden Teiles führen. Der Zwang zur rationellen und kostengünstigen Fertigung hat zahlreiche Untersuchungen über Fließkurven metallischer Werkstoffe angeregt [3,4].

Fließkurven müssen auch heute noch experimentell ermittelt werden. Versuche, sie über den strukturellen Aufbau der Metalle und Metallegierungen theoretisch zu ermitteln, führen nicht zu in der Praxis anwendbaren, hinreichend genauen Ergebnissen. Der Grund liegt darin, daß die realen Werkstoffe Abweichungen und Fehler gegenüber dem gesetzmäßigen Kristallaufbau aufweisen, die einer mathematischen Erfassung nicht zugänglich sind.

In der Literatur sind teils vereinzelt, teils in Sammlungen zwar experimentell bestimmte Fließkurven von Werkstoffen zu finden (z.B. Fließkurvenatlas [5]). Trotzdem besteht nach wie vor die Aufgabe der experimentellen Aufnahme der Fließkurve für viele Werkstoffe. Gründe hierfür sind:

- chargenbedingte Eigenschaftsschwankungen;
- die ständige Entwicklung neuer Werkstoffe;
- das Aufkommen neuartiger Anfangsgefügezustände bei bekannten Werkstoffen, wie z.B. nach unterschiedlichen Verfahren thermomechanisch behandelt; die bekannten Fließkurven beziehen sich meist nur auf den Gefügezustand "geglüht";
- die Anwendung der Umformverfahren bis zu immer höheren Umformgraden hin.

Die den bekannten Fließkurven zugrunde liegenden Versuche wurden meist nur bis zu niedrigen Umformgraden durchgeführt. Die dabei gefundene Fließkurve läßt sich häufig durch eine Potenzfunktion (z.B. Ludwik-Hollomon-Gleichung) annähern [8, 9, 10]. Eine gegebene mathematische Funktion läßt nun sehr schnell die ursprünglich gegebenen Anwendungsgrenzen vergessen und verleitet dazu, über diese hinaus zu extrapolieren. Es muß aber darauf hingewiesen werden, daß sich keine Fließkurve durch eine mathematische Funktion exakt beschreiben läßt.

So berichten z.B. Hirt und Altan [2] von einer FE-Prozeßsimulation des Rohrstauchens. Hierfür lag jedoch die Fließkurve nur bis zu einem Umformgrad von $\varphi=0{,}7$ vor. Darüber hinaus wurde sie extrapoliert. Die so errechnete Stauchkraft lag um mehr als das 4-fache höher als die in der Praxis gemessene. Nachdem die Fließkurve bis zu höheren Umformgraden genau bestimmt wurde, ergab sich eine sehr viel bessere Übereinstimmung zwischen Experiment und Simulation. Dies zeigt, daß oft eine sinnvolle theoretische Simulation erst durch die Anwendung von Ergebnissen aus experimentellen Untersuchungen möglich wird.

2 Stand der Kenntnisse

2.1 Prüfverfahren zur Fließkurvenaufnahme

Die Fähigkeit eines Festkörpers, sich unter der Einwirkung von Kräften plastisch zu verformen, wird neben dem Werkstoff- vor allem vom Beanspruchungszustand bestimmt.
Der Werkstoffzustand ist gegeben durch die Gefügeausbildung, die meist aus einer vorhergegangenen Behandlung oder Verformung resultiert. Einflußgrößen sind hier im Einzelnen:

- die Textur,
- die Versetzungsdichte,
- die Korngröße und
- die Art und Verteilung von Ausscheidungen.

Der Beanspruchungszustand umfaßt:

- die Belastungsart (Zug, Druck, Biegung, Torsion), deren zeitlichen Verlauf (statisch, dynamisch),
- den Spannungszustand (ein- oder mehrachsig),
- die Belastungsgeschwindigkeit und
- die Temperatur.

Die Fließspannung k_f eines Werkstoffes hängt von den Einflußgrößen Temperatur T, Umformgrad φ und Umformgeschwindigkeit $\dot{\varphi}$ ab.

$$k_f = f\left(\varphi, \dot{\varphi}, T\right) \tag{1}$$

Obwohl praktisch bei allen Umformverfahren ein mehrachsiger Spannungszustand vorliegt, ist zu Vergleichszwecken die Bezugnahme auf einen einachsigen Spannungszustand notwendig, da es unmöglich ist, für unendlich verschiedene Spannungszustände die dazugehörigen Fließspannungen zu ermitteln. Daher wurde die Vergleichsspannung σ_v eingeführt [6].

$$\sigma_v = f\left(\sigma_1, \sigma_2, \sigma_3\right) \tag{2}$$

Es ist jedoch nicht einfach, im Experiment einen einachsigen Spannungszustand zu realisieren. Bei den bisher durchgeführten Versuchen zur Ermittlung von Fließkurven ist daher i.allg. ein Verfahrenseinfluß nachweisbar. Aus diesem Grund wird in den Fließkurvensammlungen das Bestimmungsverfahren grundsätzlich mit angegeben.

Um plastisches Fließen des Werkstoffes einzuleiten, bzw. aufrecht zu erhalten, müssen die tatsächlich wirkenden Spannungen eine bestimmte charakteristische Größe erreichen. Bei der Ermittlung von Werkstoffkennwerten in der Umformtechnik ist es deshalb üblich, die wirkende Kraft (F) auf die tatsächliche Fläche (S) zu beziehen. Die im einachsigen Spannungszustand vorliegende Spannung

$$k_f = \frac{F}{S} \tag{3}$$

heißt im Bereich des plastischen Fließens Fließspannung. Zur Beschreibung der Fließkurve wird sie über dem Umformgrad φ aufgetragen.

Die Definition des Umformgrades sei am Beispiel des einachsigen Zugversuchs erläutert. Bezieht man die Längenänderung dL auf die augenblickliche Länge L, so ergibt sich:

$$d\varphi = \frac{dL}{L} \tag{4}$$

Den Umformgrad φ erhält man durch Integrieren von Gl. (4) über den Umformweg:

$$\varphi = \int_{L_0}^{L_1} \frac{dL}{L} = \ln \frac{L_1}{L_0} \tag{5}$$

Zur Übertragung der Fließspannung von einachsigen auf mehrachsige Spannungszustände werden meistens die Fließbedingungen nach Tresca oder von Mises angenommen. Es wird eine Vergleichsspannung σ_v errechnet, die bei einem Vergleichsumformgrad φ_v mit der Fließspannung k_f verglichen wird.
Nach Tresca wird die Vergleichsspannung aus maximaler und minimaler Spannung berechnet, entsprechend gilt [6]:

$$\sigma_v = \sigma_{max} - \sigma_{min} \tag{6}$$

Der Vergleichsumformgrad nach Tresca ist [6]:

$$\varphi_v = |\varphi_{max}| \tag{7}$$

Nach von Mises gilt für die Vergleichsspannung und den Vergleichsumformgrad [6]:

$$\sigma_v = \sqrt{\frac{1}{2}\left[(\sigma_1 - \sigma_2)^2 + (\sigma_2 - \sigma_3)^2 + (\sigma_3 - \sigma_1)^2\right]} \tag{8}$$

$$\varphi_v = \sqrt{\frac{2}{3}\left(\varphi_1^2 + \varphi_2^2 + \varphi_3^2\right)} \tag{9}$$

Es wird also festgelegt, daß das Fließen des Werkstoffs einsetzt, sobald die Vergleichsspannung σ_v gleich der Fließspannung k_f wird.

Die Darstellung der Fließkurve ergibt sich nun durch die Angabe der Fließspannung k_f (= σ_v) über dem Vergleichsumformgrad φ_v mit der Vergleichsumformgeschwindigkeit $\dot{\varphi}_v$ und der Temperatur T als Parametern:

$$k_f = f\left(\varphi_v, \dot{\varphi}_v, T\right) \tag{10}$$

Die nach v. Mises und Tresca berechneten Vergleichsspannungen können sich bei mehrachsigen Spannungszuständen um bis zu 15 % unterscheiden [6]. Für homogene Zug- und Druckumformung im einachsigen Spannungszustand stimmen die Ergebnisse beider Hypothesen überein.

Da durch Bildung der Vergleichsspannung ein beliebiger Spannungszustand "auf einen einachsigen zurückgeführt" werden soll, wird die Art des Spannungszustandes üblicherweise nicht als Einflußgröße auf die Fließspannung angesehen. Ob diese Annahme für alle Werkstoffe (z.B. anisotrope) aufrechterhalten werden kann, ist fraglich [7].

Die Vielfalt der möglichen Verfahren zur Aufnahme von Fließkurven wird durch die Forderung nach exakter Reproduzierbarkeit der Spannungs- und Bewegungsverhältnisse in der Umformzone eingeschränkt. Eine weitere Forderung betrifft die Fließkurvenaufnahme bis zu möglichst hohen Umformgraden. Die Fließkurve soll weiterhin in einem möglichst großen Temperatur- und Geschwindigkeitsbereich ermittelt werden können. Der Aufwand für die Probenherstellung und die Meßdatenverarbeitung sollte gering sein.

Die im Prinzip möglichen Verfahren zur Bestimmung von Fließkurven sind zahlreich, jedoch haben bis heute nur der Zugversuch [11] und der Stauchversuch [12] Eingang in die Regelwerke gefunden, vgl. Abschnitt 2.3. Die Vielfalt der angewandten Grundversuche und deren Variationen läßt erahnen, daß kein Einzelverfahren allen Ansprüchen gerecht werden kann. Vielmehr hat jede Aufnahmevariante ihren speziellen Einsatzbereich. In [5] ist eine Zusammenstellung der Prüfverfahren, ihre Anwendungsbereiche, die Beanspruchungs- und Formänderungscharakteristika und eine knappe Bewertung gegeben.

Da die Fließkurven von Metallen i.allg. stark von der Temperatur und Umformgeschwindigkeit abhängen, ist es erforderlich, bei der Bestimmung der Fließkurve die gleichen Parameter wie beim realen Umformvorgang einzustellen. Das gleiche gilt für die Spannungsverteilung. Es sollte also beispielsweise für ein Verfahren der Zugumformung die Fließkurve im Zugversuch ermittelt werden, und für ein Verfahren der Druckumformung im Stauchversuch (umso mehr, als auch die Verformungstextur von der Beanspruchungsrichtung abhängt). Doege u.a. ordnen im "Fließkurvenatlas metallischer Werkstoffe" [5] den Grundumformverfahren jeweils Fließkurvenaufnahmeverfahren zu, die diesen Zusammenhang berücksichtigen (Bild 1).

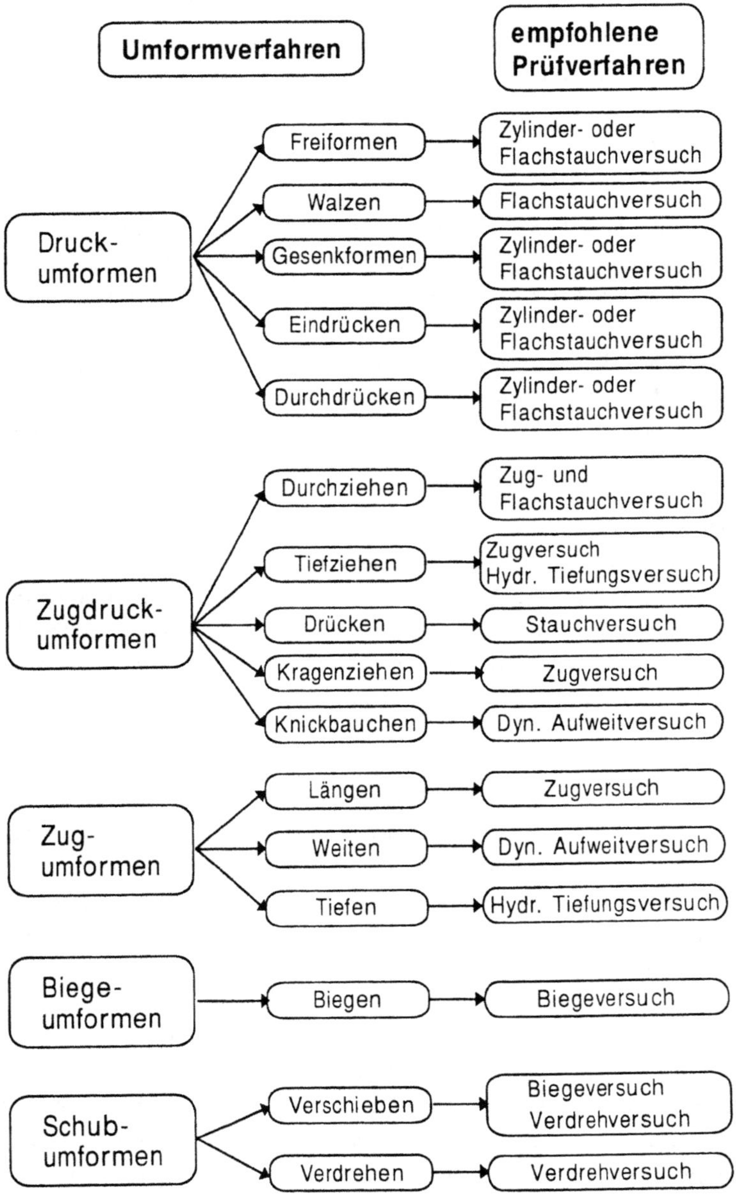

Bild 1: Empfohlene Prüfverfahren für den jeweiligen Umformvorgang [nach 5].

2.2 Bestimmung der Fließkurve im Flachstauchversuch

Zur Ermittlung der Fließkurve bis zu hohen Umformgraden bei ebener Formänderung kann der Flachstauchversuch eingesetzt werden. Dabei wird eine streifenförmige Probe zwischen zwei einander gegenüberstehenden Stempeln verformt (Bild 2). Der Flachstauchversuch ist bis jetzt nicht genormt.

Ein ebener Formänderungszustand kann nach Watts und Ford [13] angenommen werden, wenn das Verhältnis wirksame Probenlänge/Stempelbreite $l / a > 6$ ist. Hierauf wird im folgenden noch näher eingegangen.

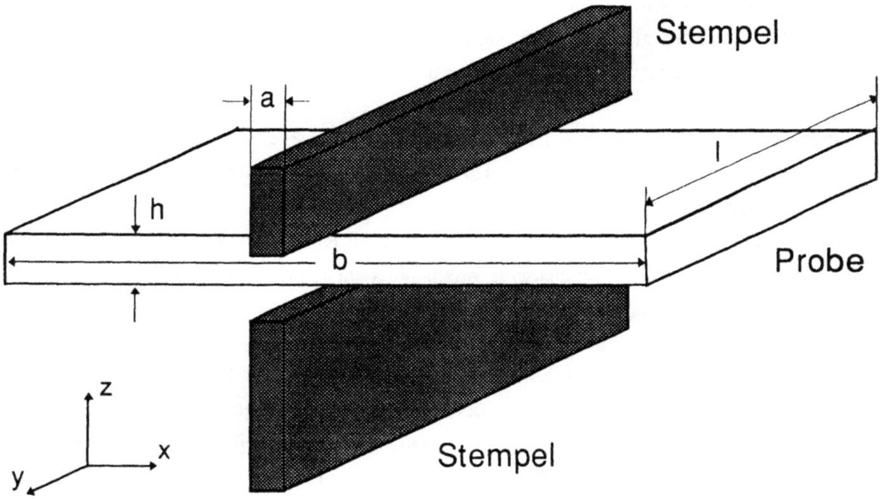

Bild 2: Schematische Darstellung des Flachstauchversuches; **a** - Stempelbreite, **h** - Probenhöhe, **l** - Probenlänge, **b** - Probenbreite.

Der Flachstauchversuch wurde bereits Ende der 30er Jahre von Nadai [14] und Orowan [15] vorgeschlagen. Später untersuchten Watts und Ford das Verfahren sehr eingehend [13]. Von Krause [16] und Vollmer [17] wurde der Versuch mit anderen Verfahren zur Aufnahme von Fließkurven verglichen. Dabei wurde jedoch von dem Verhältnis $l / h_0 > 6$ anstatt $l / a > 6$ ausgegangen, so daß ebene Formänderung nur für den Sonderfall $a = h_0$ gewährleistet war. Auch wurden beim Auswerten der Meßergebnisse einige Einflußfaktoren vernachlässigt. Wohl als Folge davon lagen die im Flachstauchversuch aufgenommenen Fließkurven weit höher als mit den anderen Verfahren aufgenommene.

Der Flachstauchversuch wird bisher in der Praxis am Warmumformsimulator des Max-Planck-Instituts für Eisenforschung Düsseldorf, zur Simulation des Warmwalzvorganges herangezogen [18 - 25].

Wichtige Merkmale des Flachstauchversuches sind [4]:
- die Probenherstellung ist denkbar einfach;
- die belastete Fläche bleibt während des Versuches annähernd konstant, so daß in einfacher Weise die Fließspannung aus dem Verhältnis von Stauchkraft und belasteter Fläche folgt:

$$k_f = \frac{F}{a\, l} \tag{11}$$

  Da sich die belastete Fläche beim Flachstauchversuch nicht wesentlich ändert, steigt die Stauchkraft nur im gleichen Maße wie die Fließspannung an, im Gegensatz zum Zylinderstauchversuch. Daher ist die elastische Verformung der Prüfeinrichtung vergleichsweise gering.
- die gemessene Höhenabnahme geht nicht in die berechnete Fließspannung ein. Ein gegebener Meßfehler der Höhenabnahme wirkt sich deshalb schwächer als beim Zylinderstauchversuch auf das Ergebnis aus.
- die Symmetrieeigenschaften der Formänderung beim Flachstauchversuch können auch genutzt werden, um aus den Versuchsergebnissen Aussagen über die plastische Anisotropie abzuleiten.

Den genannten Vorzügen des Flachstauchversuches stehen bei der bisher allgemein üblichen Verwendung von Stempeln mit scharfen Kanten einige Nachteile gegenüber:
- Die gemessene Kraft enthält einen nicht genau bekannten Anteil für die Verformung von Werkstoffvolumina seitlich der Stempel (innerer Schiebungsanteil).
- Entlang der Längskanten der Stempel entsteht eine Spannungskonzentration, die mit wachsendem Umformgrad zunimmt. So kann es "vorzeitig" zum Bruch kommen, d.h. bei einem Stauchgrad, bei dem im Falle einachsiger Beanspruchung das Umformvermögen des Probenwerkstoffes noch nicht erschöpft wäre [4,26].
- Vor allem aber lagen bei den bisherigen Versuchen die im Flachstauchversuch aufgenommenen Fließkurven weit höher als die mit anderen Verfahren aufgenommenen [5,16]. Dieser Frage wird im folgenden besondere Aufmerksamkeit gewidmet.

In verschiedenen Veröffentlichungen, z.B. im "Fließkurvenatlas" [5], werden die Ergebnisse der verschiedenen Prüfverfahren zur Aufnahme von Fließkurven auf ihre Aussagekraft hin miteinander verglichen. Dabei wird für den gleichen Werkstoff bei Raumtemperatur folgende Reihung angegeben (die größte gemessene Fließspannung ist zuerst genannt):

1. Flachstauchversuch;
2. Zugversuch an vorgewalzten Proben;
3. Zylinderstauchversuch bei guter Schmierung;
4. Zylinderstauchversuch ohne Schmierung;
5. Kegelstauchversuch;
6. Stauchversuch auf Reibungsfreiheit extrapoliert;
7. einachsiger Zugversuch;
8. Verdrehversuch;
9. Biegeversuch;

In der erwähnten Versuchsreihe wurde zwischen dem Flachstauchversuch und dem Zylinderstauchversuch bei der Auswertung nach Tresca eine durchschnittliche Abweichung von 20% ermittelt [5, 16].

2.3 Bestimmung der Fließkurve im Zugversuch

Der Zugversuch ist die Grundlage zur Definition der mechanischen Werkstoffkennwerte. Für runde und flache Proben ist er in DIN EN 10 002 [11] genormt. Zugprüfmaschinen sind in DIN 51 221 [30] genormt. Sie haben im allgemeinen hydraulische Antriebe und arbeiten mit konstanter Zuggeschwindigkeit. Die Umformgeschwindigkeiten sind im Vergleich zu denen bei technischer Massivumformung gering. Um Spannungen und Formänderungen für homogene Umformung zu bestimmen, wird die Längenmessung eingesetzt, wobei eine Meßlänge kleiner als der Abstand der Spannköpfe festgelegt wird.

Die Versuchsauswertung nach DIN EN 10 002 ist bis zum Erreichen der Gleichmaßdehnung A_g möglich. Der Vorteil des Zugversuches ist die einfache Umrechnung der Dehnungen und der Zugkraft in Umformgrad und Fließspannung ohne Zuhilfenahme eines Fließkriteriums. Weiterhin ist dieser Vorgang unbeeinflußt von Reibungseffekten.

Den vielen positiven Aspekten des Zugversuches stehen entscheidende Nachteile gegenüber. So liegen die im einachsigen Zugspannungszustand maximal erreichbaren Umformgrade ($\varphi < 0{,}3$) deutlich unter den von der Praxis geforderten. In Tabelle 1 sind die Größenordnungen der für das plastische Werkstoffverhalten verantwortlichen Parameter angegeben, die heute in der umformtechnischen Praxis erreicht werden. Der große Nachteil des Zugversuches ist, daß schon bei relativ kleinen Umformgraden eine örtliche Einschnürung eintritt. Für viele metallische Werkstoffe gilt nach [4]:

$$\varphi_g = \ln\left(1 + A_g\right) \approx 0{,}1 \cdots 0{,}3 \tag{12}$$

Tabelle 1: Anhaltswerte von Umformgrad und -geschwindigkeit für die verschiedenen Verfahren der Metallumformung (nach [31]).

Umformverfahren	Umformgrad φ	Umformgeschwindigkeit $\dot{\varphi}$ [s^{-1}]
Gesenkschmieden	< 1,6	< 200
Strangpressen	> 4,0	< 500
Fließpressen	< 2,5	< 500
Walzen	> 0,8	< 1000
Rohrziehen	> 1,4	< 500
Drahtziehen	> 0,7	< 500
Tiefziehen	> 0,7	< 0,1
Explosivumformen	> 0,5	< 10000
Superplastisches Umformen	> 2,5	< 0,01

Im Bereich der Gleichmaßdehnung läßt sich die Fließkurve verhältnismäßig einfach aus dem Kraft-Verlängerungs-Schaubild ermitteln. Der ansteigende Verlauf der Zugkraft zeigt, daß sich hier die Kaltverfestigung des Werkstoffes stärker als die Querschnittsabnahme auswirkt. Der in diesem Kurvenabschnitt wirkende Spannungszustand ist einachsig, die Spannungsverteilung ist homogen. Mit fortschreitender Probenbelastung tritt in der Kraft-Verlängerungs-Kurve ein Maximum auf, d.h. die mit weiterer Verformung zunehmende Werkstoffverfestigung vermag nicht mehr die Schwächung des Probenquerschnitts auszugleichen. Von diesem Maximalwert an beginnt die Zugprobe sich taillenförmig einzuschnüren (plastische Instabilität). Der einachsige Spannungszustand wird mehrachsig. Die Versuchsauswertung nach DIN EN 10 002 endet mit dem Erreichen der Gleichmaßdehnung.

Die Extrapolation der bis zur Gleichmaßdehnung aufgenommenen Fließkurve zu hohen Umformgraden ist zu unsicher. Küppers und Schmidt [32] zeigten, daß der Verlauf der Fließspannung in Abhängigkeit vom Umformgrad für verschiedene Werkstoffe nur schwierig mit einem mathematischen Modell beschrieben werden kann. Darum dürfen gemessene Fließkurven nicht einfach extrapoliert werden. Deshalb ist eine direkte Messung der Fließspannung bis zu großen Umformgraden unbedingt erforderlich.

Der vom Kraftmaximum bis zum Probenbruch reichende Bereich ist geprägt von einem dreiachsigen Spannungszustand sowie einer inhomogenen Spannungs- und Formänderungsverteilung über dem Probenquerschnitt. Die dabei auftretenden Querspannungen im eingeschnürten Querschnitt resultieren aus einer Verformungsbehinderung der weniger gedehnten Übergangszonen und aus nichtaxialen Spannungen infolge der Umlenkung der Kraftflußlinien [33]. Die weitere Verformung beschränkt sich nun zunehmend auf die Umgebung des kleinsten Querschnitts, und dort nimmt die lokale Umformgeschwindigkeit schnell zu. Bei der Bestimmung der Fließkurve sind diese Bedingungen zu berücksichtigen, und die Meßergebnisse bedürfen einer entsprechenden Korrektur.

In Bild 3 ist die Verteilung der Längsspannung σ_l in einer eingeschnürten Zugprobe wiedergegeben. Unter Zuhilfenahme des Tresca'schen Fließkriteriums kann für das mehrachsig beanspruchte Volumenelement der Einschnürzone die jeweilige Fließspannung k_f durch die folgenden Gleichungen abgeschätzt werden:

- Formel nach Siebel [34] (entspricht der Gleichung nach Davidenkov/Spiridonova [35]):

$$k_f = \sigma_v = \frac{F}{S\left(1+\dfrac{d}{8\,R}\right)} = \frac{F}{S\,C_S} \tag{13}$$

mit dem Korrekturfaktor nach Siebel

$$C_S = 1+\frac{d}{8\,R} \tag{14}$$

- Formel nach Bridgman [36]:

$$k_f = \sigma_v = \frac{F}{S\left(1+\frac{4R}{d}\right)\ln\left(1+\frac{d}{4R}\right)} = \frac{F}{S\,C_B} \tag{15}$$

mit dem Korrekturfaktor nach Bridgman:

$$C_B = \left(1+\frac{4R}{d}\right)\ln\left(1+\frac{d}{4R}\right) \tag{16}$$

Die Beziehung nach Bridgman kann auf die Siebel - Gleichung zurückgeführt werden, wenn bei der Reihendarstellung des Logarithmus die Glieder höherer Ordnung vernachlässigt werden.

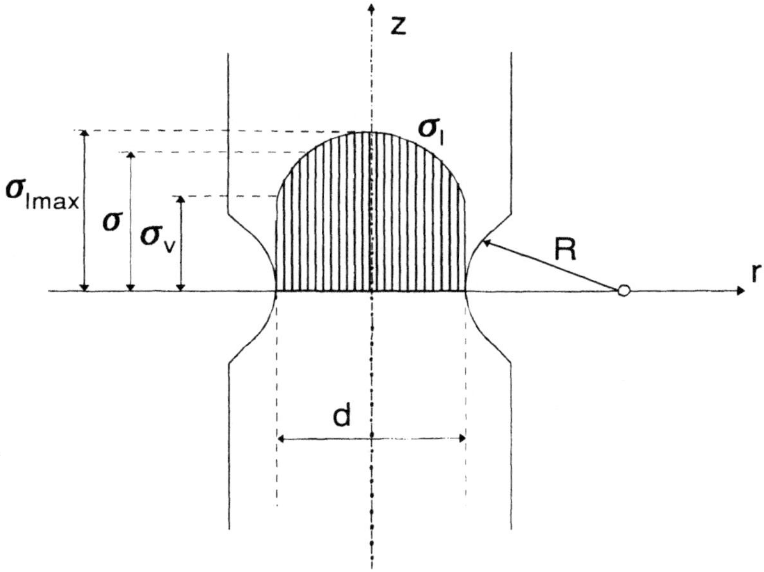

Bild 3: Spannungszustand eingeschnürter Rundzugproben (nach [37]).

Das Verhältnis **d/2R** ist im Stahl-Eisen-Prüfblatt 1100E [38] als Kerbziffer "**k**" eines Kerbstabes definiert:

$$k = \frac{d}{2R} \tag{17}$$

Wird nun der Korrekturfaktor nach Siebel C_S (Gl. 14) bzw. Bridgman C_B (Gl.16) für verschiedene Kerbziffern aufgetragen (Bild 4), so ist zu erkennen, daß bei kleinen Kerbziffern (k < 1, d.h. schwache Einschnürung) kaum Unterschiede zwischen den beiden Korrekturfaktoren bestehen. Mit steigender Kerbziffer (k > 1) wird der Unterschied jedoch immer größer und wirkt sich dementsprechend auch auf die Versuchsergebnisse aus.

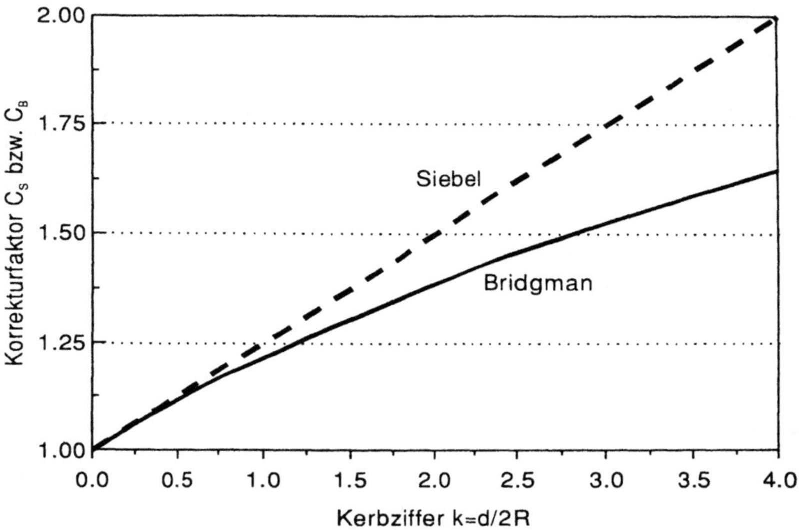

Bild 4: Unterschied zwischen den Korrekturfaktoren nach Siebel und Bridgman für verschiedene Kerbziffer.

Zur Ermittlung der Fließkurve im Zugversuch über den Bereich der Gleichmaßdehnung hinaus sind verschiedene Wege möglich:

- Siebel und Schwaigerer [39] berechnen die Fließkurvenwerte aus dem Probenradius im Einschnürbereich und dem Krümmungsradius der Einschnürung. Voraussetzung ist, daß die Probe auch im Einschnürbereich ihren kreisförmigen Querschnitt beibehält. Eine Fehlermöglichkeit ist bei diesen Verfahren der rasche Anstieg der lokalen Umformgeschwindigkeit in der Einschnürstelle. Außerdem bereitet die kontinuierliche Messung von Probendurchmesser und Krümmungsradius erhebliche Schwierigkeiten. Mit diesem Verfahren werden im Zugversuch Umformgrade bis $\varphi_V \sim 1{,}0$ erreicht.
- Ein vereinfachtes Auswerteverfahren wurde von G. Lange in [40] beschrieben.
- Nach Reihle [8] müssen zur Bestimmung der Fließkurve lediglich die Gleichmaßdehnung und die Zugfestigkeit ermittelt werden.
- Eine andere Möglichkeit, den Zugversuch zu höheren Umformgraden hin zu erweitern, ist die Ermittlung der Fließgrenze anhand verschieden weit vorverformter Proben [41-45]. Der zu untersuchende Werkstoff wird durch ein geeignetes Umformverfahren unterschiedlich weit vorverformt und anschließend die Fließspannung ermittelt. Die Abhängigkeit der Fließspannung von der jeweiligen Vorverformung ergibt die Fließkurve. Die Vorverformung erfolgt am besten durch ein stationäres Umformverfahren wie Draht- bzw. Stangenziehen oder Walzen. Ein wichtiger Nachteil dieses Verfahrens besteht darin, daß der Einfluß von Umformgeschwindigkeit und Umformtemperatur nicht genau erfaßt werden kann. Nach Krause [16] lassen sich auf diese Art

mit Flachzugproben aus vorgewalztem Blech Fließkurven bis zu Umformgraden von $\varphi_v \sim 2{,}0$ ermitteln.

Als ein weiterer Schwachpunkt des Zugversuchs sind die niedrigen Umformgeschwindigkeiten anzuführen, die bei der Umformung von Normzugproben nach DIN EN 10 002 auf den handelsüblichen Zugprüfmaschinen erreichbar sind ($\dot{\varphi}_v < 0{,}05\ s^{-1}$).

Die Umformgeschwindigkeit beim Zugversuch berechnet sich zu:

$$\dot{\varphi} = \frac{d\varphi}{dt} = \frac{v_{Wz}}{L} \tag{18}$$

Die Gleichung setzt allerdings eine gleichmäßige über der Länge L verteilte Formänderung voraus. Diese Bedingung ist bis zur Gleichmaßdehnung weitgehend erfüllt.

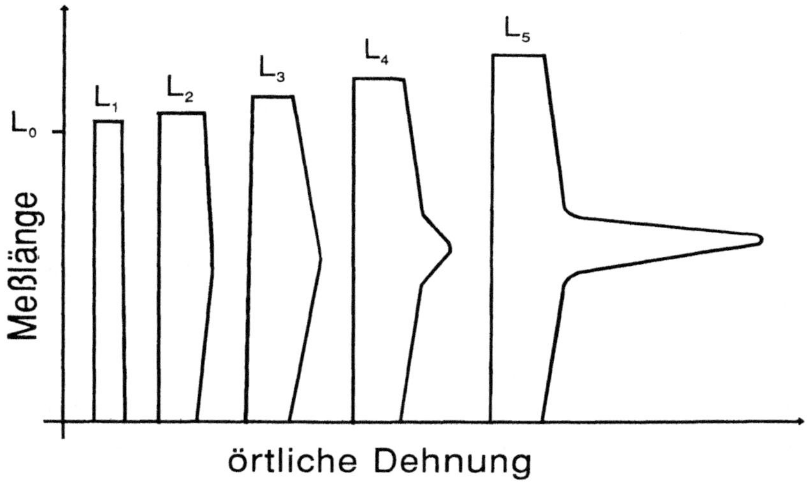

Bild 5: Örtliche Längsdehnungen eines runden Probestabes über der Meßlänge für fünf Laststufen [nach 46].

Bei fortschreitender Umformung konzentriert sich die Formänderung auf die Einschnürzone. Bild 5 soll qualitativ diesen Vorgang verdeutlichen. Darüber hinaus ist die Umformung nicht mehr gleichmäßig über dem Probenquerschnitt verteilt. Es ist deshalb nicht sinnvoll, die Längenänderung heranzuziehen, um den Umformgrad oder die Umformgeschwindigkeit im Bereich der Einschnürung zu errechnen (verschiedene Meßlängen würden zu unterschiedlichen Dehnungen und Geschwindigkeiten führen). Stattdessen kann in der Einschnürzone ein Umformgrad φ_d aus der Durchmesseränderung definiert werden (aus der Volumenkonstanz: $S_0 * L_0 = S * L$):

$$\varphi_d = \ln \frac{S_0}{S} = 2 \ln \frac{d_0}{d} \tag{19}$$

Strenggenommen ist dieser Umformgrad über den Querschnitt gemittelt:

$$\varphi_d = \frac{1}{S} \int_S \varphi(r)\, dS \tag{20}$$

Allerdings läßt sich die Funktion φ(r) experimentell nicht mit vertretbarem Aufwand bestimmen. Die Umformgeschwindigkeit wird nun in der folgenden Form angegeben:

$$\dot{\varphi} = \frac{d\varphi}{dt} = \frac{d\left(\ln \frac{S_0}{S}\right)}{dt} = -\frac{1}{S}\frac{dS}{dt} \tag{21}$$

Der Zusammenhang der Werkzeug- mit der Umformgeschwindigkeit geht aus den folgenden Gleichungen hervor:

$$\dot{\varphi} = \frac{d\varphi}{dt} = \frac{v_{Wz}}{L_0 + dL} \tag{22}$$

mit

$$v_{Wz} = \frac{dL}{dt} \tag{23}$$

In anderer Form ergibt sich:

$$\dot{\varphi} = e^{-\varphi} \frac{1}{L_0} \frac{dL}{dt} \tag{24}$$

da

$$-\varphi = \ln \frac{L_0}{L} \tag{25}$$

$$\dot{\varepsilon} = \frac{d \frac{L - L_0}{L_0}}{dt} = \frac{1}{L_0} \frac{dL}{dt} = \frac{v_{Wz}}{L_0} \tag{26}$$

$$\dot{\varphi} = e^{-\varphi} \frac{v_{Wz}}{L_0} = e^{-\varphi}\, \dot{\varepsilon} \tag{27}$$

Solange die Umformung homogen auf die Meßlänge **L** verteilt ist (Bereich der Gleichmaßdehnung), läßt sich aus der letzten Beziehung erkennen, daß bei konstanter Zuggeschwindigkeit des Werkzeugs v_{Wz} die Umformgeschwindigkeit $\dot{\varphi}$ mit zunehmendem Umformgrad φ monoton sinkt. Die Umformgeschwindigkeit bei einem endlichen Umformgrad läßt sich im Verhältnis zur Umformgeschwindigkeit bei Vorgangsbeginn nach folgender Formel ermitteln:

$$\dot{\varphi}(\varphi) = e^{-\varphi}\ \dot{\varphi}(\varphi = 0) \tag{28}$$

So beträgt z.B. die Umformgeschwindigkeit bei einem Umformgrad φ=0,3 nur noch 74% der Umformgeschwindigkeit bei Vorgangsbeginn:

$$\dot{\varphi}(\varphi = 0{,}3) \approx 0{,}74\ \dot{\varphi}(\varphi = 0) \tag{29}$$

Auf speziell ausgerüsteten Prüfeinrichtungen kann die Dehnungsgeschwindigkeit $\dot{\varepsilon}$ über einen geschlossenen Regelkreis so angepaßt werden, daß die Umformgeschwindigkeit während des Versuches konstant bleibt (Plastometer).

Eine Möglichkeit, die Umformgeschwindigkeit zu beeinflussen, ist neben der Veränderung der Zuggeschwindigkeit v_{Wz} die Variation der Probenausgangslänge $\mathbf{L_0}$. Die Umformgeschwindigkeit hängt von der Länge ab, auf welche die Belastung wirkt. Aus Gl. (32) wird deutlich, daß eine gravierende Geschwindigkeitssteigerung nur mit extrem kurzen Probenlängen erreichbar ist.

3 Zielsetzung

Fließkurven werden üblicherweise durch den Zug-, Stauch- und Torsionsversuch ermittelt. Das Thema der durchzuführenden Untersuchung ist die Fließkurvenaufnahme bis zu hohen Umformgraden im Zugversuch und Flachstauchversuch.

Aus der Vielzahl der Prüfverfahren, die sich zur Bestimmung werkstofflicher Kenngrößen als geeignet erwiesen haben, kommt dem Zugversuch eine besondere Rolle zu. Seine dominierende Stellung gründet sich auf der weiten Verbreitung der Zugprüfeinrichtungen und dem hohen Grad an Vertrautheit des Personals mit der Versuchsdurchführung. Bei der Vorgehensweise nach DIN EN 10 002 liegt allerdings der Schwerpunkt mehr auf der Ermittlung der statischen Festigkeitswerte. Hieraus ergibt sich die Tatsache, daß die meisten Zugprüfmaschinen nur recht bescheidene Dehngeschwindigkeiten realisieren können.

Es stellt sich also die Frage, ob bei vertretbarem Aufwand mit einer solchen, schon installierten Prüfeinrichtung das Plastizitätsvermögen eines Werkstoffes auch für höhere Umformgeschwindigkeiten erfaßbar ist. Der reziproke Zusammenhang der Umformgeschwindigkeit mit der Längsausdehnung des am Fließen beteiligten Probenabschnitts wird dabei als Ausgangspunkt herangezogen. Bei Zugversuchen mit Proben nach DIN EN 10 002 kann aufgrund der großen Probenlänge mit handelsüblichen Zugprüfmaschinen keine hohe Umformgeschwindigkeit erreicht werden. Üblich sind auf herkömmlichen Prüfmaschinen Umformgeschwindigkeiten von $\dot{\varphi} \sim 0{,}001$ bis $0{,}1\ s^{-1}$. Dabei werden im einachsigen Zugversuch Umformgrade bis zu $\varphi = 0{,}3$ erreicht [4]. Bei Umformvorgängen wie dem Drahtziehen erreicht man jedoch Umformgrade bis $\varphi = 0{,}7$ und beim Rohrziehen bis $\varphi = 1{,}4$ für Umformgeschwindigkeiten bis $\dot{\varphi} = 500\ s^{-1}$ [31].

Aus diesen Gründen wird versucht, den Zugversuch durch die Verwendung kurzer Proben weiter zu entwickeln. Dadurch soll es möglich werden, mit üblichen Zugprüfmaschinen deutlich höhere Umformgeschwindigkeiten und Umformgrade als mit Zugproben nach DIN zu erreichen und damit die Bedingungen realer Umformvorgänge besser zu simulieren. Ebenso soll die Genauigkeit der Auswertung des Versuches nach dem Überschreiten des Kraftmaximums verbessert werden, und es sollen Aussagen über die sich einstellende Mehrachsigkeit des Spannungszustandes und über die Homogenität der Umformung ermöglicht werden.

Falls über Versuche an speziell gestalteten kurzen Zugproben ein allgemeingültiges Werkstoffverhalten ermittelt werden kann, würde der Anwendungsbereich des Zugversuches, hinsichtlich Umformgeschwindigkeit und -grad, in beide Richtungen deutlich vergrößert und somit eine Möglichkeit eröffnet, die Berechnungsgrundlagen besser an die Forderungen der industriellen Praxis anzupassen.

Daher sollen von DIN EN 10 002 abweichende Zugproben angefertigt und damit die Kraft-Verlängerungs-Kurven aufgenommen werden. Dabei soll die Probengeometrie von der DIN-Probengeometrie bis hin zur gekerbten Probe variiert werden.

Um Aussagen über die Homogenität der Umformung machen zu können, sollen Härtemessungen an unverformten Proben und an gezogenen Proben durchgeführt werden. Außerdem soll der Zugversuch mit kurzen bzw. gekerbten Proben mit Hilfe der FEM simuliert werden. Dadurch kann die Verteilung der Spannungen und örtlichen Formänderungen erfaßt werden. Ebenso kann der Mehrachsigkeitsgrad sowie das Verhältnis Umformwiderstand/Fließspannung (k_w/k_f) als Funktion der Probengeometrie bestimmt werden.

Um moderne, schnellaufende Walzstraßen auslegen und betreiben zu können, ist die Kenntnis der zugehörigen Fließkurve des Werkstoffes unerläßlich. Die Fließkurve aus Stauchversuchen liegt im allgemeinen jedoch nur bis zu einem Umformgrad von etwa $\varphi = 1{,}2$ und bei relativ kleinen Umformgeschwindigkeiten vor, während im Kaltwalzprozeß Gesamtumformgrade von $\varphi=2$ und Umformgeschwindigkeiten zwischen 100 und 1000 s^{-1} zu erwarten sind. Deshalb wird versucht, mit dem Flachstauchversuch die Fließspannung bis zu hohen Umformgraden zu ermitteln. Dabei soll auch die Umformgeschwindigkeit variiert werden.

Der Flachstauchversuch ist weniger bekannt als der Zugversuch und wird in der Praxis bisher recht selten eingesetzt. Im Gegensatz zum Zugversuch ist der Flachstauchversuch nicht genormt und es existieren auch keine käuflich erwerbbaren Prüfmaschinen oder -vorrichtungen dafür. Bei der bisherigen Durchführung der Versuche ergaben sich recht hohe Abweichungen beim Vergleich der im Flachstauchversuch ermittelten Fließspannung mit den durch andere Prüfverfahren bestimmten Fließspannungen.

Deshalb soll der Flachstauchversuch theoretisch und experimentell untersucht werden. Dabei soll versucht werden, seine Genauigkeit zu verbessern und den Anwendungsbereich des wegen der einfachen Probenherstellung für die Praxis gut geeigneten Versuches zu höheren Umformgraden zu erweitern. Falls dies gelingt, so kann die Verbesserung des Flachstauchversuches vielen Werkstoffprüflabors gerade in der Industrie zugute kommen.

Aus diesen Gründen wird versucht, die Einflußgrößen auf die Meßergebnisse von Flachstauchversuchen zu erfassen und aufzuzeigen. Dafür soll sowohl die Probengeometrie als auch die Werkzeuggeometrie und der Schmierstoff variiert werden. Ergänzend zu den durchzuführenden Versuchen soll der Flachstauchversuch ebenfalls mit Hilfe eines FEM-Programms simuliert werden. Dadurch können die Auswirkungen der Variationen der einzelnen Parameter auf die Verteilung der Spannungen und örtlichen Formänderungen in der Flachstauchprobe erfaßt werden.

4 Flachstauchversuch

4.1 Theoretische Grundlagen

Das Flachstauchen ist ein instationärer Vorgang. Die Probe bleibt während der gesamten Umformung zwischen den Werkzeugstempeln stehen. Der verdrängte Werkstoff fließt nach beiden Seiten gleichmäßig ab.
Zur genauen Beschreibung des Formänderungs- und Spannungszustandes in der Umformzone ist die Lösung eines Gleichungssystems mit mehreren Differentialgleichungen notwendig. Der strengen Lösung stehen i.allg. große mathematische Schwierigkeiten entgegen. Deshalb wird sie nur in besonderen Fällen angegeben.

Für den ebenen Formänderungszustand konnten mit der Gleitlinientheorie zahlreiche Aufgaben gelöst werden. Bei Berücksichtigung der Reibung erfordert jedoch die Lösung mit der Gleitlinientheorie ein iteratives Vorgehen, da kein echtes Randwertproblem vorliegt [47]. Deshalb verwendet man Näherungsverfahren wie z.B. die elementare Theorie, die Schrankenverfahren oder die Finite-Element Methode (FEM).

Dem Näherungsverfahren der elementaren Plastizitätstheorie liegt eine vereinfachende Beschreibung der Kinematik des Umformvorganges zugrunde. Im folgenden wird mit der elementaren Theorie gearbeitet. Der ebenen Formänderung ist dabei das Streifenmodell zugeordnet [47]. Es wird angenommen, daß bei den Streifenelementen ebene Flächen eben bleiben. Demzufolge ist die Umformung über den gesamten Querschnitt homogen. Außerdem wird vorausgesetzt, daß zwischen Werkstück und Werkzeug Coulombsche Reibung mit einer konstanten Reibungszahl μ herrscht.

Betrachtet man einen Werkstoffstreifen während des Stauchvorganges (Bild 6a), so erhält man als Grundgleichung des Streifenmodells, welche Gleichgewicht und Fließkriterium (nach Tresca) erfüllt, folgende lineare, inhomogene Differentialgleichung [47]:

$$\frac{dq}{dx} + \frac{2}{h}\mu q = -\frac{2}{h}\mu\, 2k \tag{30}$$

Durch Lösen der Differentialgleichung unter der Annahme der Randbedingung $q(x=a/2)=0$ d.h. keine Fließbehinderung in x-Richtung, erhält man folgende Spannungsverteilung über dem Probenquerschnitt (Bild 6b):

$$\sigma_z(x) = 2k\; e^{\mu \frac{a-2x}{h}} \tag{31}$$

Der Mittelwert des Stauchdruckes ergibt sich zu:

$$\bar{p} = 2k \frac{h}{\mu\, a} \left(e^{\mu \frac{a}{h}} - 1 \right) \tag{32}$$

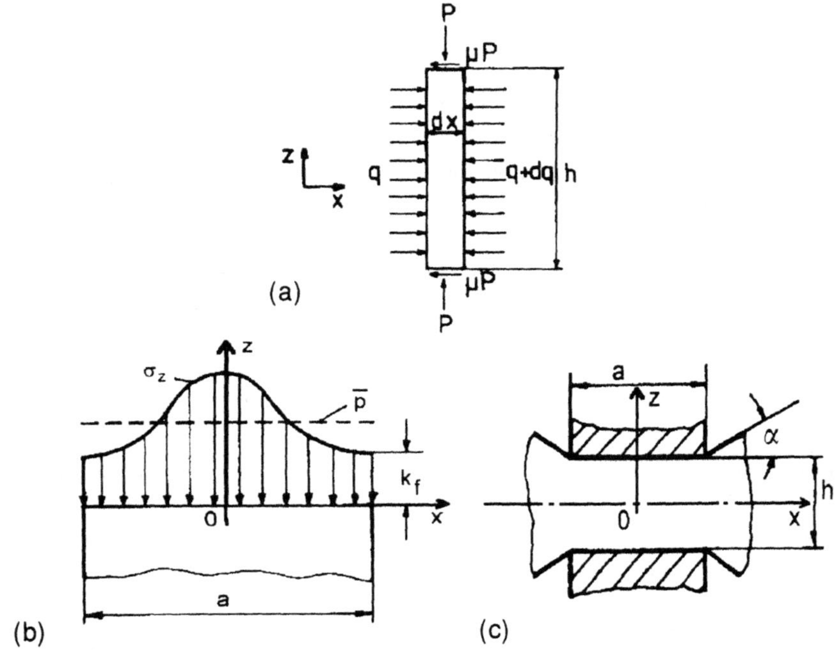

Bild 6: (**a**) - Streifenmodell

(**b**) - Spannungsverteilung beim Flachstauchen mit Reibung

(**c**) - Werkstofffluß an der Stempelkante (schematisch)

Da die Probe breiter als der Stempel ist, bildet sich beim Eindringen der Stempel eine Knickstelle in der Werkstoffbahn aus. Es kommt zu einer Fließbehinderung in x-Richtung durch den seitlich unverformten Werkstoff. Deshalb wird eine sog. Eckenkorrektur durchgeführt [47]. Zu diesem Zwecke wird statt der Randbedingung q(x=a/2)=0 eine Erhöhung des mittleren Stauchdruckes um

$$q\left(x = \frac{a}{2} \right) = \Delta q = \frac{k}{2} \tan\alpha \tag{33}$$

angenommen, wobei α der Neigungswinkel der Bahn ist (Bild 6c).

Somit wird während des Flachstauchversuches ein Umformwiderstand k_w gemessen, der sich als Funktion der Fließspannung wie folgt ausdrücken läßt:

$$\frac{F}{a\,l} = k_w = 2k\left(1 + \frac{1}{4}\tan\alpha\right)\frac{h}{\mu\,a}\left(e^{\mu\frac{a}{h}} - 1\right) \tag{34}$$

Vereinfacht man diesen Ausdruck und berücksichtigt aus Konsistenzgründen das Fließkriterium nach Tresca, so erhält man:

$$k_w = k_f\left(1 + \frac{\mu}{2}\frac{a}{h} + \frac{1}{4}\frac{h}{a}\right) = k_f(1 + RA + SA) \tag{35}$$

Das Glied $RA = \frac{\mu}{2}\frac{a}{h}$ berücksichtigt den zum Überwinden der Reibung an den Werkzeugflächen erforderlichen Anteil der Umformkraft. Das Glied $SA = \frac{1}{4}\frac{h}{a}$ berücksichtigt den zum Umlenken des Werkstoffes an den Grenzflächen der idealisierten Umformzone erforderlichen Kraftanteil (innerer Schiebungsanteil).

Ein Vergleich von Gl.(35) mit der Siebelschen Formel für den Zylinderstauchversuch (Gl.36) zeigt, daß beim Flachstauchversuch die Reibung stärker (Faktor 1/2) als beim Zylinderstauchversuch (Faktor 1/3) bewertet ist, was aber bei hohen Umformgraden durch das vergleichsweise niedrige a/h-Verhältnis kompensiert wird.

$$k_w = k_f\left(1 + \frac{\mu}{3}\frac{d}{h}\right) \tag{36}$$

In Bild 7 ist der Reibungsanteil für die beiden Versuche dargestellt. Es wurde die gleiche Reibungszahl $\mu = 0{,}1$ und das gleiche Verhältnis der Anfangsabmessungen angenommen ($a_0/h_0 = d_0/h_0 = 1$). Man sieht, daß ab einem Umformgrad $\varphi = 0{,}8$ der Flachstauchversuch vorteilhafter und mit steigendem Umformgrad der Unterschied immer größer wird.

An dem vereinfachten Ausdruck (35) ist zu erkennen, daß für den Flachstauchversuch zwei gegensätzliche Forderungen bestehen:

1. Das a/h-Verhältnis, d.h. Stempelbreite zu Probenhöhe, sollte möglichst klein sein, damit der Reibungsanteil klein ist. Dies hat jedoch einen großen Schiebungsanteil zur Folge. Nach [18] besteht in allen Fällen, in denen die Höhe der Flachstauchprobe gleich oder größer als die Stempelbreite ist, eine erhöhte Gefahr, daß die Probe bei der Umformung abschert und die Stempel sich gegeneinander seitlich versetzen. Dabei können hohe Querkräfte bis zur Größe der Stauchkraft auftreten.

2. Das a/h-Verhältnis sollte groß sein, damit der Schiebungsanteil klein ist. Versuche zeigten, daß beim Stauchen zwischen zwei ebenen Stempeln inhomogene Formänderungen auftreten, die um so geringer sind, je größer das Anfangsverhältnis a/h gewählt wird [16]. Nach Hill [48] kann schon für a/h=1 die Inhomogenität vernachlässigt werden, so daß sich in Näherung homogene Formänderung ergibt. Watts und Ford [13] schlagen dagegen für eine bessere Homogenität a/h=2 vor.

Als Kompromiß zwischen den beiden Forderungen wird meist ein Verhältnis a/h = 1 empfohlen.

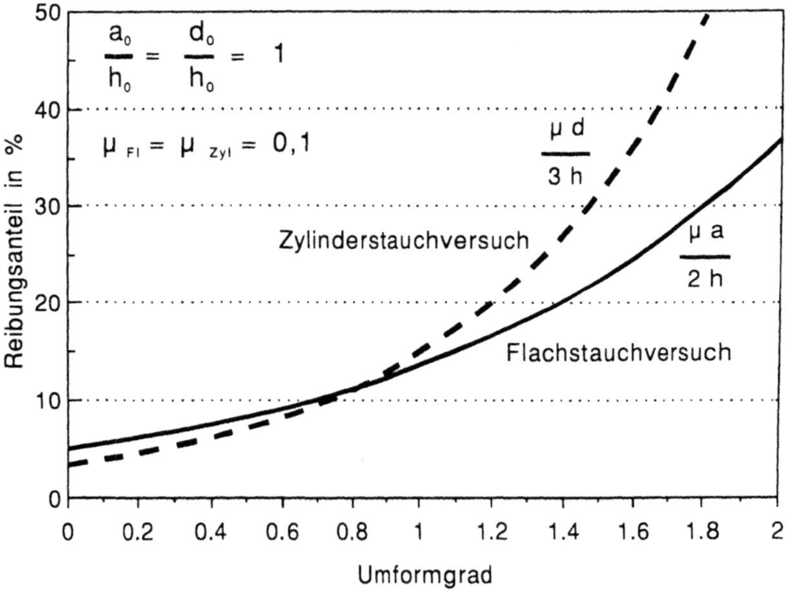

Bild 7: Reibungsanteil beim Flach- und Zylinderstauchversuch.

Um quantitativ zu beurteilen, wie groß der Einfluß der Reibung und Schiebung ist, werden für einen konkreten Fall die beiden Einflüsse und ihre Summe über dem Umformgrad dargestellt. Es wird angenommen: ein a/h-Verhältnis von $a_0/h_0=1$, eine Reibungszahl von $\mu=0{,}06$ und scharfkantige Stempel (Bild 8a). Man sieht, daß bei Stauchbeginn der Schiebungsanteil 25%, der Reibungsanteil hingegen nur 3% beträgt. Mit wachsendem Umformgrad ändert sich dies, da sich durch die Höhenabnahme das a/h-Verhältnis vergrößert.

Der hohe Schiebungsanteil kann durch zwei Maßnahmen reduziert werden:

1. Verwendung breiterer Stempel;
2. Verwendung von Stempeln mit abgerundeten Kanten, die den Winkel α, unter welchem der Werkstoff seitlich abfließt, vorgeben. Zugleich führen abgerundete Kanten durch die Vergrößerung der wirksamen Stempelbreite zu einer Erhöhung des a/h-Verhältnisses.

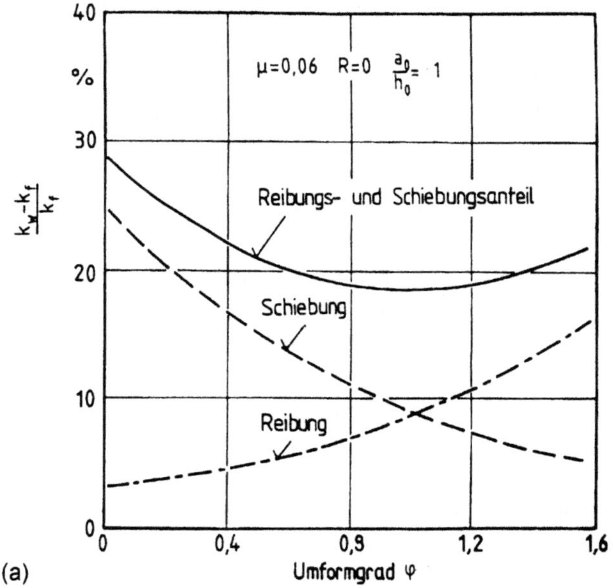

(a)

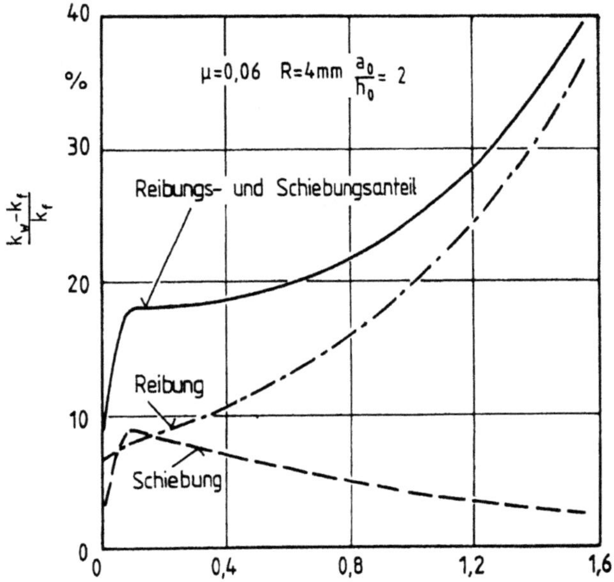

(b)

Bild 8: Reibungs- und Schiebungsanteil bei unterschiedlichen Stempelgeometrien und gleicher Probenhöhe.

Eine Kombination der beiden Maßnahmen ist in Bild 8b dargestellt. Dabei wird ein doppelt so breiter Stempel mit dem Kantenradius R=4mm betrachtet, d.h. $a_0/h_0=2$, bei gleicher Reibungszahl von μ =0,06 . In diesem Fall betragen die Schiebungsanteile ersichtlich weniger als 9%. Hingegen erreicht der Reibungseinfluß bei einem Umformgrad $\varphi=1{,}4$ einen Anteil von über 30%.

Wird nun das Verhältnis Umformwiderstand/Fließspannung für verschiedene Stempelbreiten und unterschiedliche Kantenradien dargestellt, so ergibt sich folgendes (Bild 9): Bei einem a/h-Verhältnis von $a_0/h_0=1$ wirkt sich ein endlicher Kantenradius stark auf das Verhältnis k_w/k_f aus. Die Reduzierung des Schiebungsanteiles durch den vorgegebenen Winkel der Werkstoffbahn hat einen größeren Einfluß als die Erhöhung des Reibungsanteiles durch die größere wirksame Stempelbreite (Bild 9a). Bei einem größeren a/h-Verhältnis ($a_0/h_0=2$) bewirkt der Kantenradius nur eine kleine Reduzierung des Schiebungsanteiles, jedoch eine stärkere Erhöhung des Reibungsanteiles (Bild 9b).

Daraus erkennt man, daß besonders bei kleinen a/h-Verhältnissen ein endlicher Kantenradius die Differenz zwischen Umformwiderstand k_w und Fließspannung k_f günstig beeinflusst, d.h. verringert. Bei größeren a/h-Verhältnissen bewirkt ein endlicher Kantenradius durch die Vergrößerung der wirksamen Stempelbreite vor allem eine weitere Erhöhung des an sich schon hohen Reibungsanteiles, was sich besonders bei höheren Umformgraden stark auswirkt.

Analog zur Berechnung nach der elementaren Plastizitätstheorie von Gl. (30) bis Gl. (35) wurde auch die Methode der oberen Schranke verwendet. Dabei erhielt man den gleichen Zusammenhang zwischen Umformwiderstand und Fließspannung wie in Gl. 35 angegeben.

Gesucht wird nun ein Optimum der Stempelgeometrie, bei dem eine möglichst homogene Umformung mit sowohl geringem Schiebungsanteil als auch geringem Reibungsanteil gegeben ist.

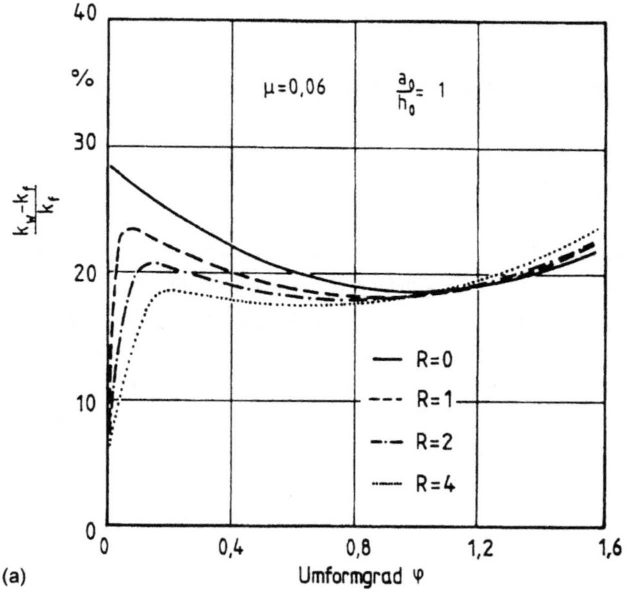

(a)

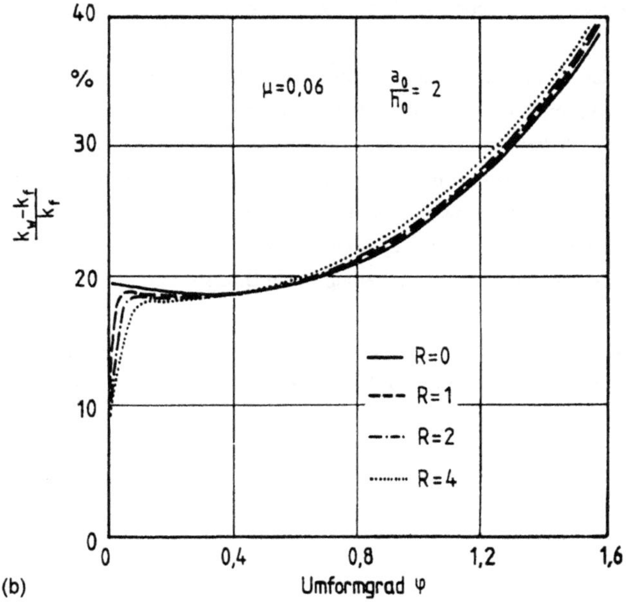

(b)

Bild 9: Einfluß des Kantenradius auf das Verhältnis Umformwiderstand/Fließspannung für unterschiedliche a/h-Verhältnisse.

4.2 Einflußgrößen bei der Auswertung der Meßergebnisse

Im folgenden werden die einzelnen Faktoren, die das Versuchsergebnis beeinflussen, untersucht und diskutiert.

4.2.1 Wirksame Stempelbreite

Wie gezeigt wurde, wirkt sich ein endlicher Kantenradius positiv auf die Ergebnisse des Flachstauchversuches aus. Bei der Verwendung von Stauchstempeln mit abgerundeten Längskanten ändert sich je nach Eindringtiefe die "wirksame Stempelbreite a_w" und somit auch die belastete Fläche. Deshalb wurde zunächst die wirksame Stempelbreite als Funktion der Eindringtiefe, des Kantenradius und der Stempelbreite untersucht. Durch die Bestimmung des Geschwindigkeitsfeldes wurde der Werkstofffluß ermittelt (siehe Anhang A 1). Es ergab sich, daß sich die Konturlinie durch die Funktion:

$$z = e^{2\frac{x+B}{a}} \tag{37}$$

beschreiben lässt, wobei die Konstante B von der Probenhöhe und der Stempelbreite abhängt; x und z sind die Koordinaten. Die wirksame Stempelbreite a_w wird bestimmt, indem der Schnittpunkt dieser Kurve mit der geometrischen Kontur des Werkzeugs ermittelt wird (Bild 10a).

Bild 10 zeigt, daß ein endlicher Kantenradius einen starken Einfluß auf die wirksame Stempelbreite hat. Bei einem Radius von 4mm ergibt sich beispielsweise für eine Stempelbreite von a_0=6mm und eine Probenhöhe von h_0=6mm (d.h. a_0/h_0=1) eine Erhöhung der wirksamen Stempelbreite um bis zu 62% (Bild 10b). Verwendet man bei gleicher Probenhöhe einen Stempel der Breite a_0=12mm (a_0/h_0=2), so wird der Einfluß des Kantenradius relativ geringer (für R=4mm, maximal 23%), bleibt aber absolut doch noch ziemlich groß (Bild 10c), wobei er in Abhängigkeit vom Umformgrad einen ähnlichen Verlauf wie in Bild 10b hat.

Bei der experimentellen Nachprüfung ergab sich eine gute Übereinstimmung der theoretisch mit dem Rechenprogramm ermittelten und der experimentell bestimmten Werte für die wirksame Stempelbreite.

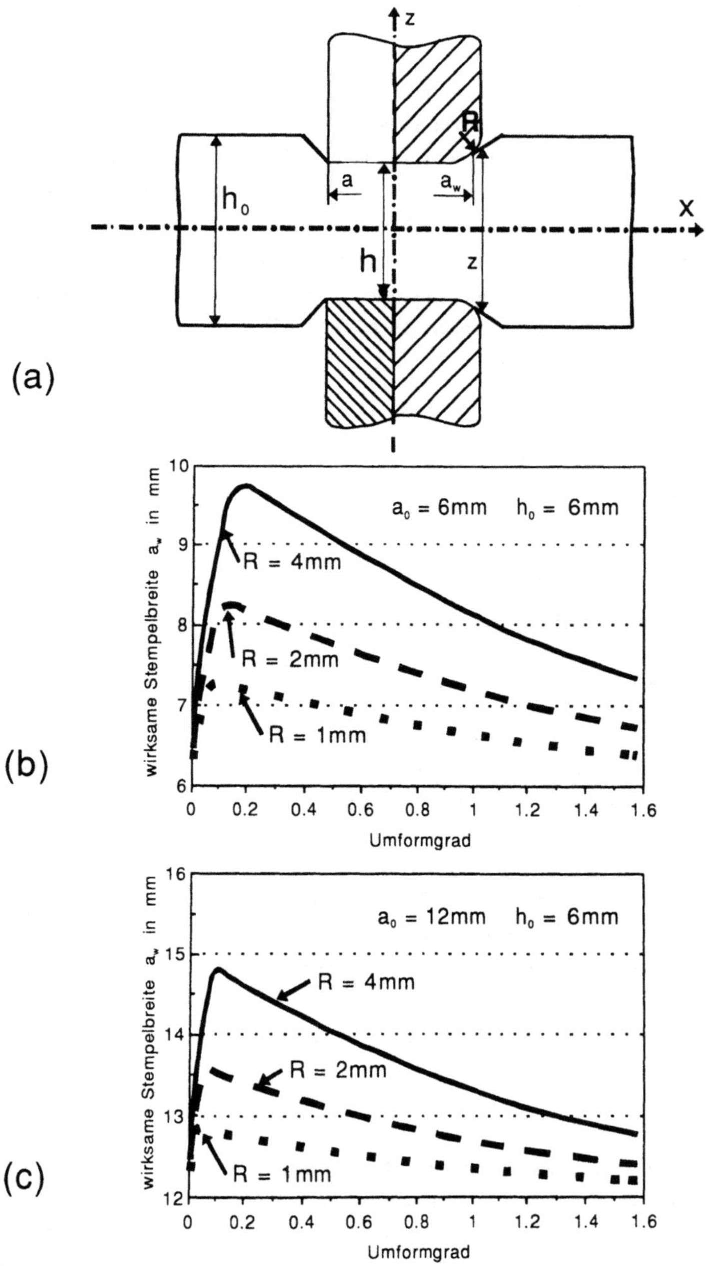

Bild 10: Einfluß des Kantenradius auf die wirksame Stempelbreite bei gleicher Probenhöhe; (**a**) Prinzipskizze; (**b**) $a_0 = 6mm$ und (**c**) $a_0 = 12mm$

4.2.2 Längung

Da für den Flachstauchversuch ebene Formänderung angenommen wird, dürfte es eigentlich keinen Werkstofffluß in y-Richtung geben. In Wirklichkeit wird jedoch eine gewisse Längung der Probe beobachtet. Sie läßt sich mit der Fließscheidenhypothese von Preussler erklären (Bild 11) [49]. Danach bewegen sich die einzelnen Werkstoffelemente an der Kontaktfläche mit dem Werkzeug stets auf dem widerstandsärmsten Weg zum Rande hin. Dieser ist zugleich der kürzeste. Ebene Formänderung herrscht daher strenggenommen nur zwischen den Punkten E und F, aber diese Strecke beträgt immerhin mehr als 92% der Gesamtlänge. Durch die Längung ergibt sich ein zusätzlicher Beitrag zur wirksamen Stempelfläche. Dieser beträgt bei den untersuchten Probengeometrien jedoch weniger als 2%.

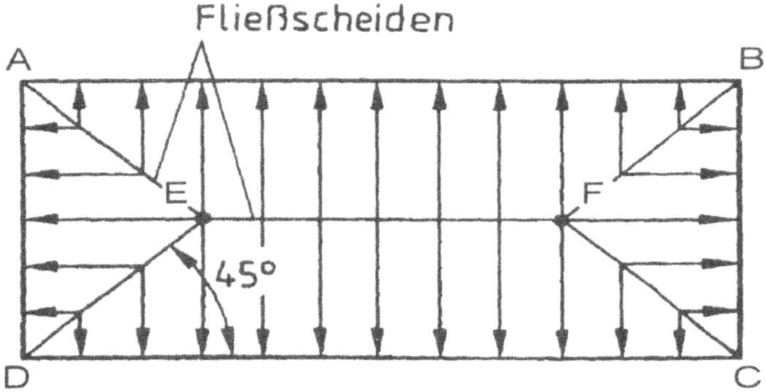

Bild 11: Fließscheidenhypothese nach Preussler [entnommen aus 49]. Werkstofffluß beim Stauchen eines Rechtkants. AE, BF, CF, DE und EF sind Fließscheiden.

Eine Möglichkeit, den Einfluß der Längung zu unterdrücken, besteht darin, die Probenlänge gleich der Stempellänge zu machen, so daß der Werkstoff unter dem Stempel herausfließt. Dabei entstehen jedoch zusätzliche Spannungen, und der Werkstoff reißt an den Probenenden auf (Bild 12). Deshalb muß die Probenlänge kleiner als die Stempellänge sein.

Die Längung wird im Auswerteprogramm mit der von Geuze angegebenen Formel berücksichtigt [50]:

$$l = l_0 + LF\left(h_0 - h\right) \tag{38}$$

Der Längungsfaktor wird für jeden Versuch aus der gemessenen Probenlänge vor und nach dem Versuch extra berechnet (siehe Anhang A2) und dann in die Formel eingesetzt.
Mit Versuchsergebnissen vom Walzen gibt Geuze für den Längungsfaktor den Wert LF=0,35 an. Beim Flachstauchversuch wurde festgestellt, daß der Längungsfaktor auch von der Stempelbreite abhängt, und zwar schwankt er für a=6mm um den Wert LF=0,6 - 0,65, während er für a=12mm größer ist (LF=1,3 - 1,4).

Zu erwähnen ist außerdem, daß während der Versuche auch eine Abhängigkeit des Längungsfaktors von der Probenbreite b - nicht nur der Stempelbreite a - festgestellt wurde. Ist die Probe nur etwas breiter als der Stempel (b>a), so erhält man einen größeren Längungsfaktor und "Ausbauchungen" in der Mitte der Probe (siehe Bild 12 und Bild 13a). Ist die Probe viel breiter als der Stempel (b>>a), so ist der Längungsfaktor kleiner, und der Werkstoff fließt parallel zur Stempelkante weg, d.h. in diesem Fall wird die ebene Formänderung besser angenähert (Bild 13b), obzwar für beide Fälle l/a=13 gilt und der gleiche Schmierstoff verwendet wird (Bild 13 ist nicht maßstäblich; Längung und Ausbauchung sind übertrieben dargestellt).

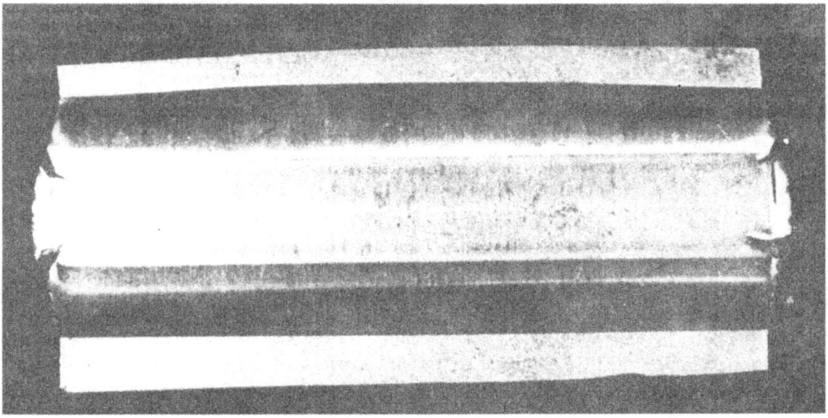

Bild 12: Aufgetretene Risse bei Gleichheit der Probenlänge und Stempellänge.

Diese Abhängigkeit des Längungsfaktors von der Probenbreite läßt sich ebenfalls mit der Fließscheidenhypothese erklären: In der Probenmitte haben die Werkstoffteilchen nur eine Geschwindigkeitskomponente in x-Richtung. Am Probenende hat ein Teilchen eine Geschwindigkeitskomponente in x- und y-Richtung. Die Komponente in x-Richtung ist in der Mitte größer als am Rande, so daß der Werkstoff in der Mitte voreilen will. Ist die Probe nur wenig breiter als die Stempel, so baucht die Probe in der Mitte aus. Ist die Probe viel breiter als die Stempel, so kann der Werkstoff nicht in der Mitte voreilen (er wird durch den unverformten Werkstoff stark behindert), sondern bewegt sich parallel zur Stempelkante weg. Dies bedeutet, daß die Geschwindigkeitskomponente in x-Richtung am Probenende in etwa gleich der Geschwindigkeit in der Probenmitte sein muß. Die Komponente in y-Richtung und somit auch der Längungsfaktor werden dadurch kleiner. Ganz deutlich ist dieser Einfluß zu bemerken, wenn die Probe schmaler als die Stempel ist (b<a), d.h. kein unverformter Werkstoff seitlich vorhanden ist. Dann wird der Längungsfaktor LF > 2, und die Ausbauchungen sind besonders ausgeprägt.

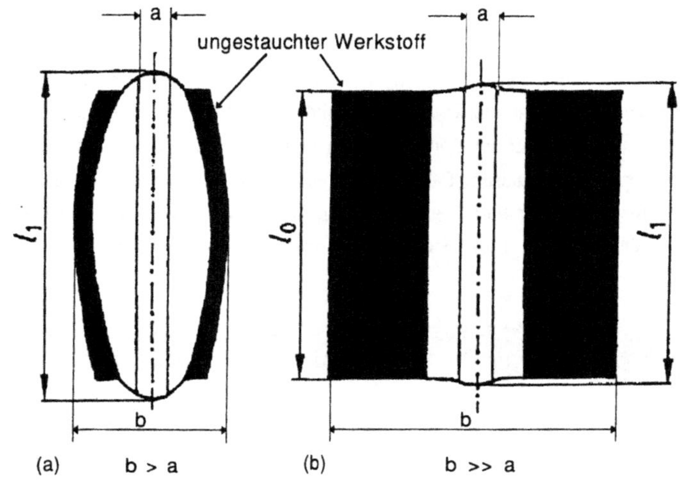

Bild 13: Probenform als Funktion der Probenbreite;
(**a**) schmale Probe und (**b**) breite Probe.

Die Längung (Stofffluß in y-Richtung) der Probe ist beim Flachstauchversuch im wesentlichen von zwei Faktoren abhängig:

- Der Stützwirkung der nicht unmittelbar an der Umformung beteiligten - elastischen - Randbereiche. Diese Behinderung ist von der Probenbreite abhängig.
- Der Behinderung des Stoffflusses in Längsrichtung infolge der Reibung an den Stauchbahnen. Diese Behinderung ist von der Probenlänge und der Reibungszahl abhängig.

Je geringer die Probenbreite und Probenlänge und je geringer die Reibungszahl an den Stauchbahnen ist, desto größer ist die Abweichung von der ebenen Formänderung.

4.2.3 Schiebungsanteil

In Abschnitt 4.1 wurde gezeigt, daß der Schiebungsanteil einen starken Einfluß auf das Versuchsergebnis hat. Um zu überprüfen, ob der Schiebungsanteil im betrachteten Fall bei Versuchsbeginn wirklich so hoch ist (25%), wurde folgender Versuch durchgeführt: Mit scharfkantigen Stempeln wurden einmal Proben breiter als die Stempel gestaucht (b>>a), und sodann Proben, die etwas schmaler als die Stempel waren (b<a), so daß der Schiebungsanteil entfiel. Eliminiert man den Schiebungsanteil rechnerisch aus dem gemessenen Umformwiderstand der breiten Proben, so erhält man eine gute Übereinstimmung mit den Meßwerten der schmalen Probe (Bild 14). Dies bedeutet, daß die verwendete Formel (Gleichung 34) den Schiebungsanteil gut beschreibt.

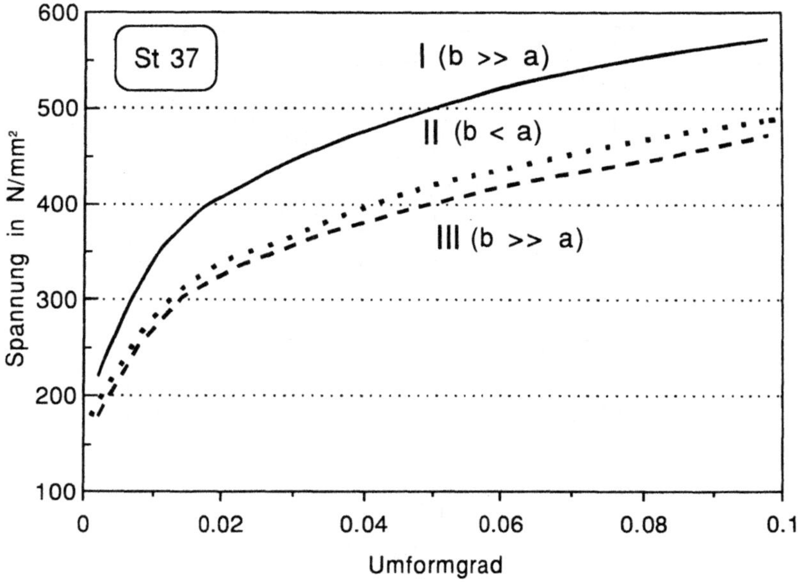

Bild 14: Meßergebnis für die Probenbreite 20mm (I) und 5,5mm (II). Schiebungsanteil aus I eliminiert nach der elementaren Theorie (III).

4.2.4 Reibungsanteil

Um den Reibungsanteil rechnerisch aus dem Umformwiderstand zu eliminieren, muß die Reibungszahl μ experimentell bestimmt werden. Zu diesem Zweck wurden Stauchversuche mit unterschiedlich breiten Stempel durchgeführt (a≈6mm bzw. a=12mm). Dadurch erhält man zwei Kurven für den Umformwiderstand. Hieraus werden Schiebungs- und Reibungsanteil eliminiert. Ein Wert für die Reibungszahl μ wird angenommen und so lange verändert, bis die zwei Kurven übereinstimmen (Bild 15).

Die Reibungszahl μ kann auch analytisch bestimmt werden, indem für einzelne Umformgrade die Reibungszahl berechnet wird, die notwendig ist, um die zwei Meßpunkte des Umformwiderstandes zur Deckung zu bringen (siehe Anhang A 3).

Für den Schmierstoff Polymerwachs ergibt sich für die Reibungszahl μ der Verlauf aus Bild 16. Die mittlere Reibungszahl beträgt $\mu_m = 0{,}037$. Gerechnet wird jedoch mit $\mu = 0{,}03$, da der Großteil der Werte in diesem Bereich liegt. Wie aus Bild 15 zu erkennen, ergibt sich eine gute Übereinstimmung der beiden Kurven. Der Unterschied ist kleiner als 0,5%. Der Anfangsbereich bildet eine Ausnahme, da mit konstanter Reibungszahl gerechnet wurde, für den Stauchbeginn jedoch eine höhere Reibungszahl anzunehmen ist.

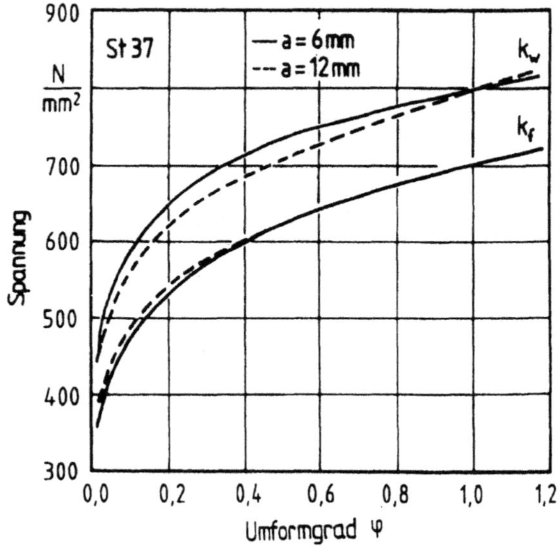

Bild 15: Gemessener Umformwiderstand und daraus berechnete Fließkurve für St 37.

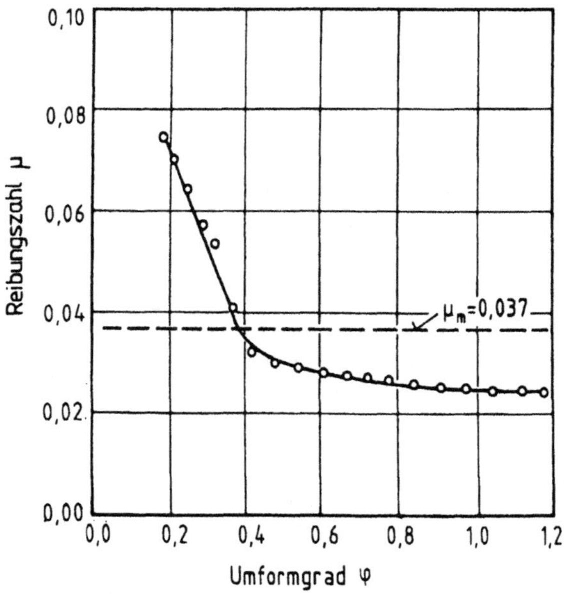

Bild 16: Analytisch ermittelte Reibungszahl μ.

4.3 FEM - Rechnung

Nachdem die ersten Versuche ausgewertet waren und somit Ausgangsdaten zur Verfügung standen, wurde zur Beurteilung der Homogenität der Umformung der Flachstauchversuch mit dem Finite-Element-Programm EPDAN teils auf dem Cray2-Rechner der Universität Stuttgart und teils auf institutseigenen Workstations simuliert. Das verwendete Rechenprogramm EPDAN berücksichtigt elastische und plastische Formänderungen sowie Reibungseffekte.

Das Programm EPDAN (**E**lastisch-**P**lastische **D**eformations-**AN**alyse) wurde am Institut für Umformtechnik der Universität Stuttgart entwickelt. Grundlage bildet das elastisch-plastische Werkstoffmodell (Prandtl-Reuß). Das Programmsystem besitzt eine implizite Finite-Elemente-Formulierung, die auf der mitgehenden Lagrange ("updated Lagrange") Betrachtungsweise aufgebaut ist. Die Formulierung von EPDAN erlaubt die Berechnung der bei nahezu allen Umformvorgängen auftretenden großen plastischen Formänderungen (Dehnungen, Schiebungen) wie auch der damit verbundenen Starrkörperbewegungen (Translationen, Rotationen). Zur Beschreibung des Werkstoffverhaltens kann die Fließkurve dem Programm wahlweise in Form eines Polygonzuges oder eines Potenzansatzes (Ludwik-Hollomon-Beziehung) eingegeben werden. Dabei wird vereinfachend isotropes Verhalten mit isotroper Kaltverfestigung angenommen [51,52].

Die Vorteile des Simulationsverfahrens liegen in der Ergebnisvielfalt und der Verfügbarkeit von Detailinformationen, die experimentell nicht oder nur mit großem Aufwand gewonnen werden können. Außerdem ist die Variation einzelner Parameter bei vorhandenem Modell in der Regel ohne großen Aufwand möglich [52].

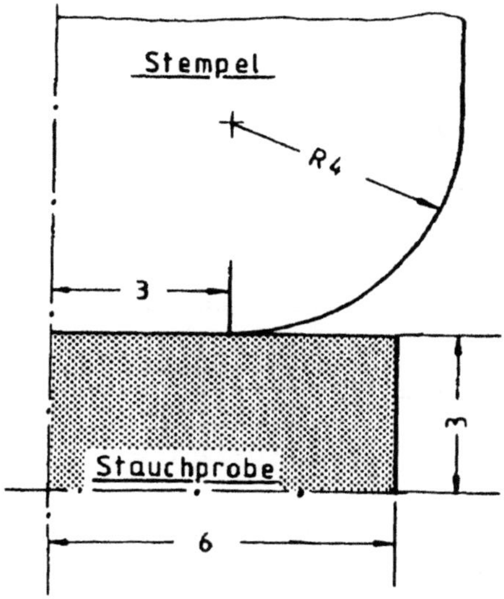

Bild 17: Geometrie von Werkstück und Werkzeug für die FEM-Simulation (nach [52]).

Bei der Simulation des Flachstauchversuches wurden folgende Parameter variiert: die Stempelbreite, der Stempelkanteradius und die Reibungszahl. Der Probenwerkstoff ist St 37-2. Die Fließkurve wurde dem FEM-Programm in Form der Ludwik-Hollomon-Beziehung eingegeben:

$$k_f = 600\ \varphi^{0,17} \quad \text{N/mm}^2$$

Weitere Eingabedaten waren:

Streckgrenze: $k_{f0} = 260$ N/mm^2

Elatizitätsmodul: $E = 210\,000$ N/mm^2

Poisson-Zahl: $\nu = 0{,}3$

Im folgenden werden beispielhaft einige Ergebnisse der FEM-Rechnungen dargestellt und zwar der Fall: Probenhöhe h_0=6mm, Stempelbreite a_0=6mm, (d.h. a_0/h_0=1), und Stempelkantenradius R=4mm. Die Geometrie der Probe und des Stauchstempels sind in Bild 17 angegeben. Unter Ausnutzung der Symmetrieeigenschaften wurde ein Viertel der Stauchprobe idealisiert.

Im Falle des reibungsfreien Stauchvorganges kann für einen starr-idealplastischen Werkstoff mit Hilfe der Gleitlinientheorie eine geschlossene Lösung für den Spannungs- und Bewegungszustand gefunden werden [48, 53 - 62, 65, 66]. Die Gleitlinienfelder zeigen, daß sich für einen scharfkantigen Stempel auch im Falle der Reibungsfreiheit kein homogener Formänderungszustand in der Stauchprobe einstellt. Die Form der Gleitlinienfelder ist vom Verhältnis der wirksamen Stempelbreite zur Probenhöhe (a/h), dem sog. Bißverhältnis, abhängig (Bild 18). Bei scharfkantigen Stauchstempeln ist die wirksame Stempelbreite gleich der Stempelbreite und während des gesamten Vorganges konstant, wohingegen sich die wirksame Stempelbreite bei einem abgerundeten Stempel verändert.

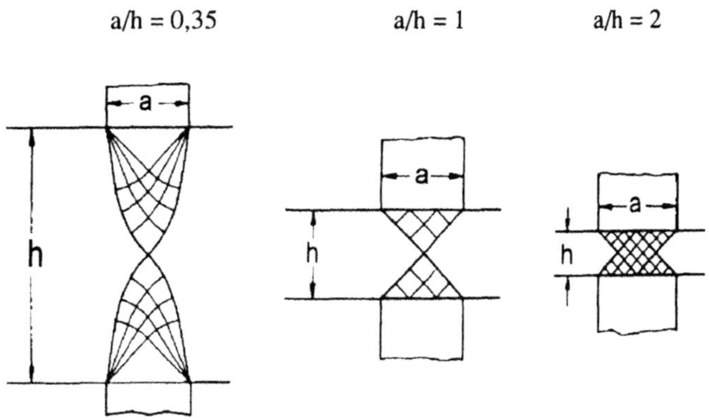

Bild 18: Theoretische Gleitlinienfelder für unterschiedliche a/h-Verhältnisse (nach [16]) bei scharfkantigem Stauchstempel.

Die folgenden Bilder zeigen Ergebnisse der Simulationsrechnung bei welcher die in Bild 17 dargestellte Stauchprobe unter der Annahme der Reibungsfreiheit gestaucht wurde. Bild 19 zeigt die Geometrie der Probe und das verzerrte FE-Netz bei einer Höhenabnahme entsprechend einem nominalen Umformgrad ($\varphi = \ln (h_0/h)$ von $\varphi = 0{,}07$ und $\varphi = 1{,}1$. Bei einem Umformgrad $\varphi = 0{,}07$ liegt unter dem Stempel noch eine weitgehend homogene Verformung der Elemente vor (Bild 19). In Bild 20 ist die Verteilung des örtlichen Vergleichsumformgrades φ_v bei dem nominalen Umformgrad φ=0,07 dargestellt. Zu erkennen ist, daß sich bei Beginn des Stauchvorgangs das sog. "Schmiedekreuz" [49] ausbildet (wie es nach der Gleitlinientheorie auch zu erwarten war).

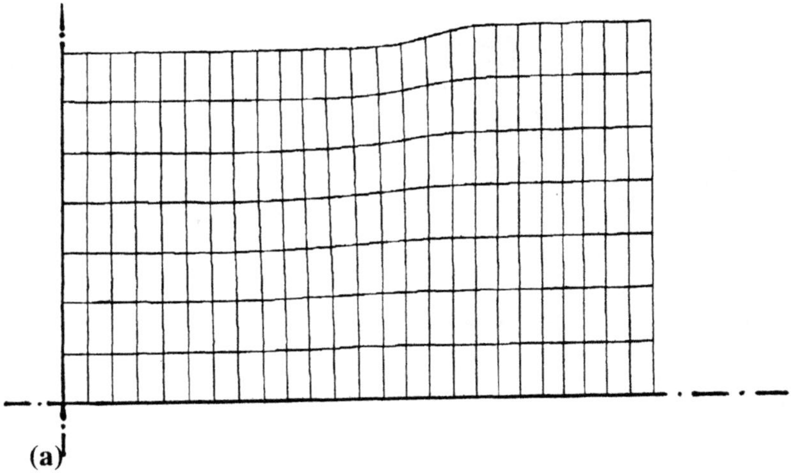

(a)

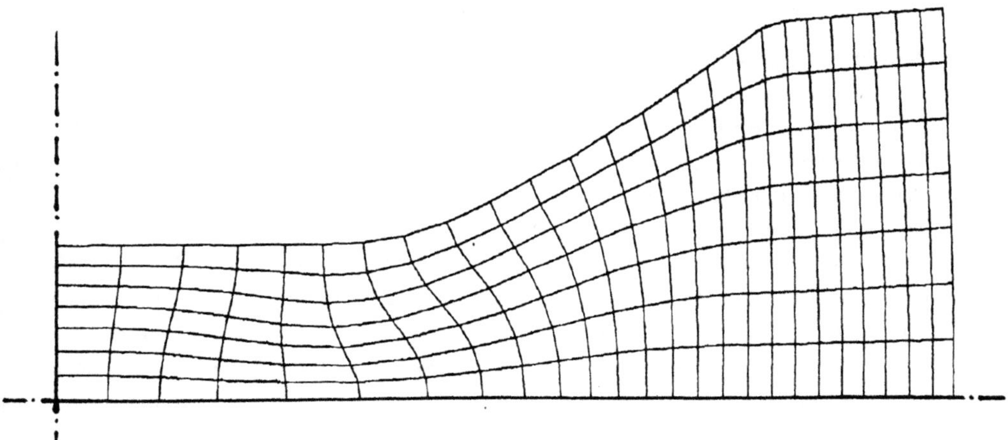

(b)

Bild 19: Verformtes FE - Netz einer Flachstauchprobe bei: **a)** $\varphi = 0{,}07$ (h = 5,6mm) und **b)** $\varphi = 1{,}1$ (h = 2mm) (a_0 = 6mm, h_0 = 6mm, R = 4mm).

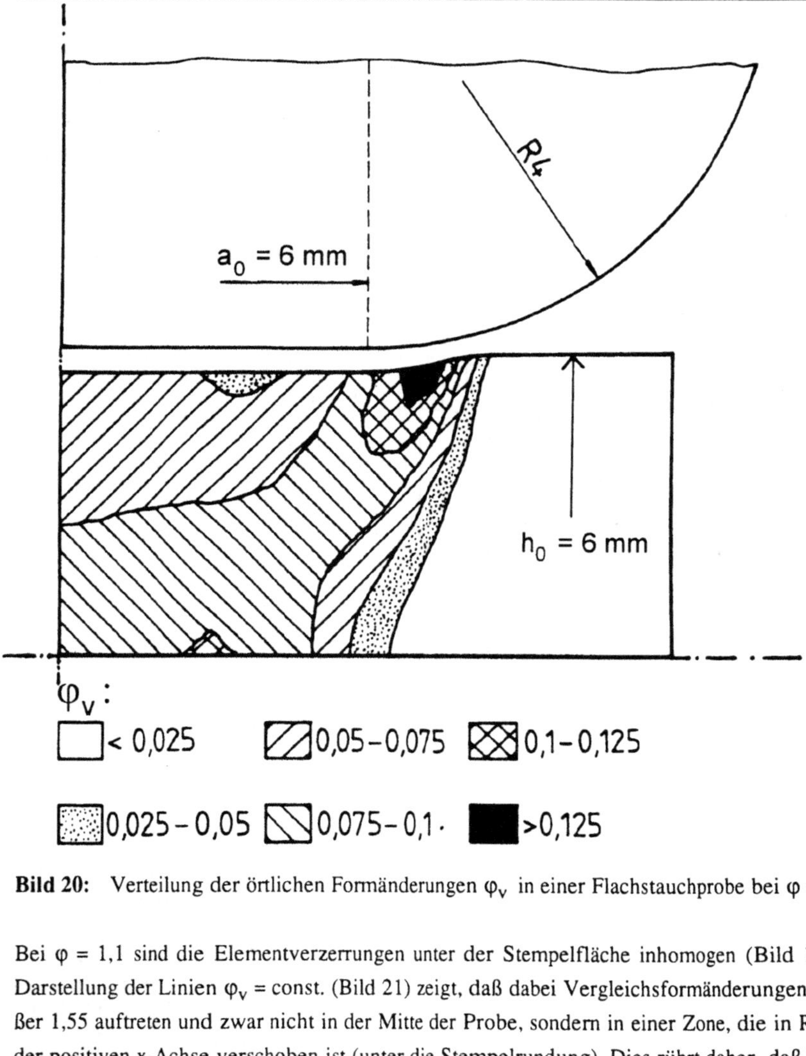

Bild 20: Verteilung der örtlichen Formänderungen φ_v in einer Flachstauchprobe bei $\varphi = 0{,}07$.

Bei $\varphi = 1{,}1$ sind die Elementverzerrungen unter der Stempelfläche inhomogen (Bild 19). Die Darstellung der Linien φ_v = const. (Bild 21) zeigt, daß dabei Vergleichsformänderungen φ_v größer 1,55 auftreten und zwar nicht in der Mitte der Probe, sondern in einer Zone, die in Richtung der positiven x-Achse verschoben ist (unter die Stempelrundung). Dies rührt daher, daß bei dem Bißverhältnis $a/h \geq 1$ und der starken Höhenabnahme, eine deutliche Verdrängung des Werkstoffes in x-Richtung erfolgt und dadurch der zunächst unter dem Stempel gelegene, nur schwach umgeformte Werkstoff in die Probenmitte gelangt, während der bereits stärker umgeformte Werkstoff nach außen transportiert wird. In der Darstellung von Bild 21 (1/4 Probe) bzw. noch deutlicher in Bild 23 (ganze Probe) ist zu erkennen, daß die Zone homogener Umformung unter dem ebenen Teil des Stauchstempels recht groß ist. Inhomogenitäten gibt es im Bereich des Stempelkantenradius. In der Darstellung der gesamten Flachstauchprobe ist außerdem noch zu erkennen, daß die Probe ausbaucht, da seitlich nur wenig Werkstoff angenommen wurde, um die Rechenzeit zu verkürzen.

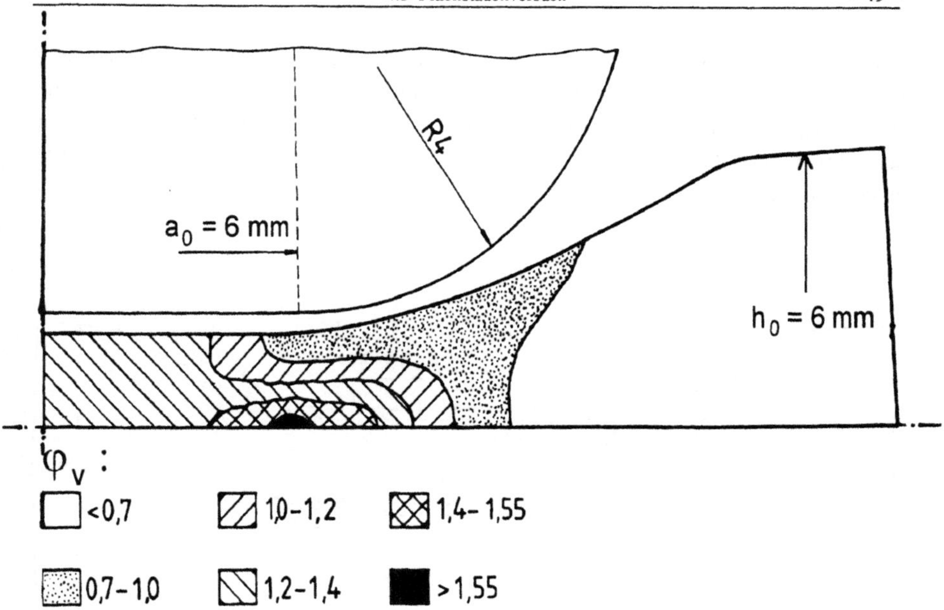

Bild 21: Verteilung der örtlichen Formänderungen φ_v in einer Flachstauchprobe bei $\varphi = 1,1$.

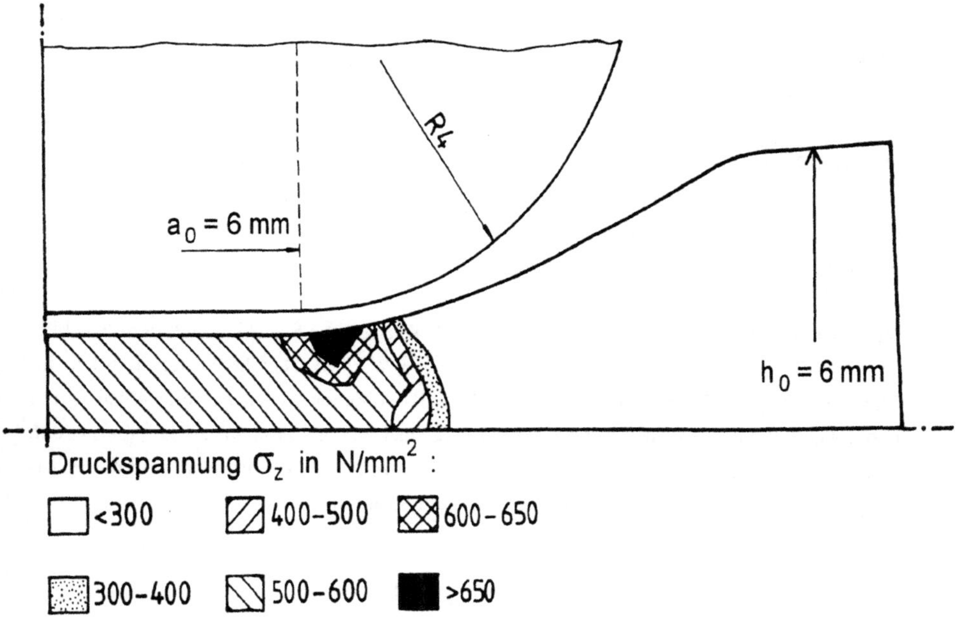

Bild 22: Spannungsverteilung σ_z in einer Flachstauchprobe bei $\varphi = 1,1$.

In Bild 22 ist die entsprechende Spannungsverteilung σ_z in der Stauchprobe (1/4 Probe) bei dem nominalen Umformgrad φ=1,1 dargestellt. Bedingt durch den endlichen Kantenradius ist eine recht homogene Spannungsverteilung zu erkennen. Nur beim Übergang in den Radiusbereich ist eine etwas erhöhte Spannung zu bemerken, die aber bei weitem nicht so hoch wie bei scharfkantigen Stempeln ist.

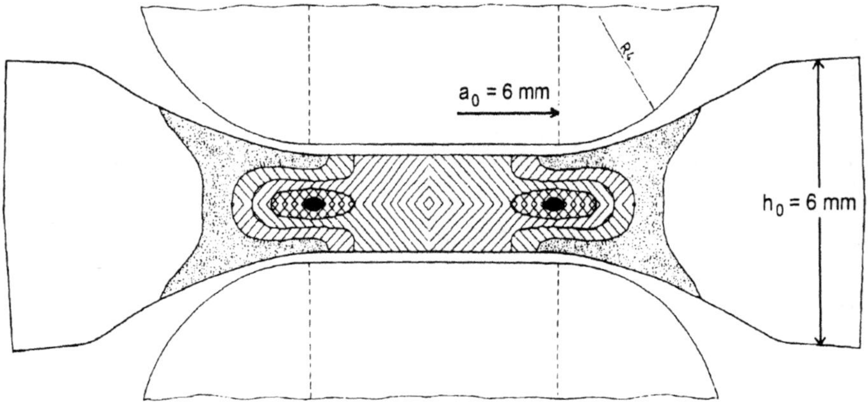

Bild 23: Verteilung der örtlichen Formänderungen φ_v in einer Flachstauchprobe bei φ = 1,1 (wie in Bild 21, gesamte Probe).

Die FEM-Rechnung wurde auch mit Reibung durchgeführt. Dabei wurde die Reibungszahl μ variiert. Die Spannungs- und Formänderungsverteilung hat für die untersuchten Reibungszahlen die gleiche Form wie beim reibungsfreien Stauchen. Es ergeben sich jedoch andere Werte für die Spannungen, die geringfügig von denen beim reibungsfreien Stauchen abweichen.

Vergleicht man die während des Flachstauchversuches gemessene Stauchkraft mit dem Ergebnis der FEM-Rechnung, so ergeben sich Unterschiede von 2 - 4 %. Dies liegt daran, daß bei der FEM-Rechnung die Fließspannung durch die Ludwik-Hollomon-Gleichung vorgegeben wurde und außerdem mit konstanter Reibungszahl μ gerechnet wurde. Diese Annahmen sind jedoch nicht für die gesamte Versuchsdauer streng erfüllt. Der Vergleich zeigt trotzdem, daß das FEM-Programm EPDAN den Flachstauchversuch sehr gut beschreibt.

4.4 Vorläufige Schlußfolgerung

Auf der Grundlage der elementaren Theorie wurde eine Beziehung entwickelt (Gl.34), die für den Flachstauchversuch den Reibungs- und Schiebungsanteil quantitativ beschreibt. Mit der Beziehung (Gl. 34) kann die Fließkurve aus dem Umformwiderstand berechnet werden. Die Einflußgrößen auf das Meßergebnis konnten aufgezeigt werden. Dabei wurde deutlich, daß dem Bestreben, im Flachstauchversuch möglichst geringe Unterschiede zwischen dem gemessenen Umformwiderstand und der Fließkurve zu erzielen, zwei gegensätzliche Forderungen entgegenwirken. Das Verhältnis Stempelbreite zu Probenhöhe (a/h) sollte einerseits möglichst klein sein (wegen des Reibungsanteiles) und andererseits möglichst groß (wegen des Schiebungsanteiles).

Der kleinste Unterschied zwischen Umformwiderstand und Fließkurve kann dadurch berechnet werden, daß die erste Ableitung der Gl.34 oder Gl.35 gleich Null gesetzt wird. Wird die vereinfachte Gleichung 35 abgeleitet, so ergibt sich, anders als in [67], das Minimum des Umformwiderstandes für ein a/h-Verhältnis von:

$$\frac{a}{h} = \sqrt{\frac{1}{2\,\mu}} \tag{39}$$

In Bild 24 sind Reibungs- und Schiebungsanteil (sowohl einzeln wie auch als Summe) als Funktion des a/h-Verhältnisses dargestellt. Dabei wurde eine Reibungszahl von $\mu = 0{,}06$ angenommen. Das Minimum ergibt sich dann bei einem Verhältnis $a/h = 2{,}88$. Bei kleineren Verhältnissen überwiegt der Schiebungsanteil, bei größeren Verhältnissen der Reibungsanteil.

Aus Bild 24 wird deutlich, daß das a/h-Verhältnis, um einen hohen Schiebungsanteil zu vermeiden, unbedingt größer als 1 sein sollte. Wegen des wachsenden Reibungsanteils sollte es jedoch nicht zu groß werden. In dem dargestellten Fall hat die Summe von Reibungs- und Schiebungsanteil ein Minimum für ein a/h-Verhältnis von 2,88. Soll der Versuch in der Nähe dieses Minimums ablaufen (z.B. $a/h = 2 - 4$), so erzielt man nur kleine Umformgrade ($\varphi < 0{,}7$). Werden im Flachstauchversuch höhere Umformgrade angestrebt (z.B. bis $\varphi = 1{,}8$) so muß, bei Verwendung von Stempeln der Breite $a_0 = h_0$, bis zu $a/h = 6$ gestaucht werden (Variante A). Dabei ergibt sich bei Stauchbeginn, bedingt durch den hohen Schiebungsanteil, ein Unterschied von fast 30 % zwischen Umformwiderstand und Fließspannung. Will man dies vermeiden und wählt dafür breitere Stempel (z.B. $a_0 = 2\,h_0$), so muß, um einen Umformgrad von $\varphi = 1{,}8$ zu erreichen, bis $a/h = 12$ gestaucht werden (Variante B). Dabei wird bei Versuchsende der Unterschied zwischen Fließspannung und Umformwiderstand fast 40 %.

Aus dieser Betrachtung würde sich als Optimum ein Versuch in mehreren Stufen anbieten (Variante C), wobei durch einen Wechsel der Stempelpaare immer ein kleiner Reibungs- und

Schiebungsanteil gewährleistet wäre. Beispielhaft ist dies für die Verwendung von 2 Stempelpaaren ($a_0 = h_0$ und $a_0 = 2\ h_0$) in Bild 24 dargestellt. Dabei wird mit dem breiteren Stempelpaar die Probe zuerst auf die halbe Höhe ($\varphi = 0{,}7$) gestaucht (C I) und anschließend mit dem schmäleren Stempelpaar (C II) bis zum gewünschten Umformgrad ($\varphi = 1{,}8$). Bei dieser Versuchsdurchführung beträgt die maximale Abweichung zwischen Umformwiderstand und Fließspannung 23 %. Durch die Verwendung einer dritten Stauchstufe könnte die Abweichung unter 20 % gehalten werden. Dies jedoch würde den Versuchsaufwand noch mehr erhöhen. Grundsätzlich ist es wünschenswert, den Flachstauchversuch ohne Unterbrechung durchzuführen.

Daher zeigte sich, daß es sinnvoll ist, zur kontinuierlichen Durchführung des Flachstauchversuches Stempel mit abgerundeten Kanten zu verwenden. Dadurch kann der Schiebungsanteil beträchtlich reduziert und der Reibungsanteil klein gehalten werden. FEM-Rechnungen zeigten außerdem, daß durch die Verwendung von Stempeln mit einem endlichen Kantenradius auch die Stauchprobe homogener umgeformt wird (sowohl die Spannungs- als auch die Formänderungsverteilung in der Probe wird homogener).

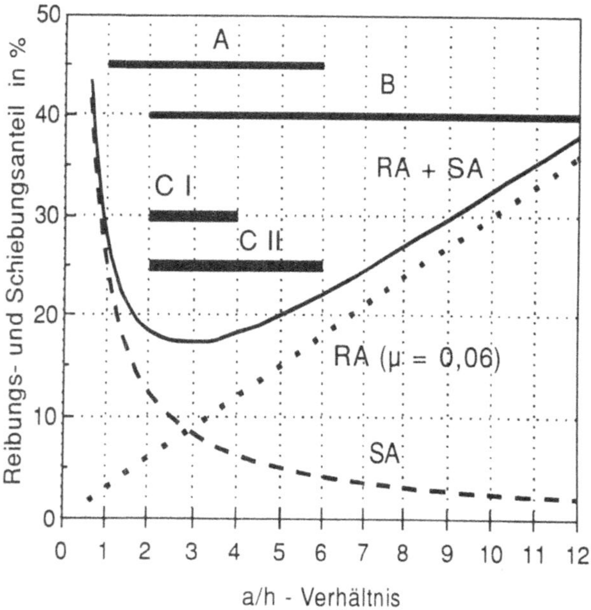

Bild 24: Reibungsanteil (RA) und Schiebungsanteil (SA) in Abhängigkeit von den geometrischen Verhältnissen (a/h) und mögliche Varianten zum Stauchen bis $\varphi = 1{,}8$:

A - Stauchen nur mit schmalen Stempeln ($a_0/h_0 = 1$)

B - Stauchen nur mit breiten Stempeln ($a_0/h_0 = 2$)

C - Stauchen in 2 Stufen: zuerst mit breiten (C I), dann mit schmalen Stempeln (C II)

5 Versuche mit abgerundeten Stempelkanten

5.1 Versuchsdurchführung und -ergebnisse

5.1.1 Versuchsdurchführung

Zur Durchführung der Flachstauchversuche wurde eine Vorrichtung konstruiert (Bild 25) und in eine hydraulische Presse eingebaut. Diese Presse ist numerisch gesteuert. Die Stauchgeschwindigkeit kann eingestellt werden. Außerdem kann die Presse mit konstanter Umformgeschwindigkeit betrieben werden.

Zum Messen der Kraft bzw. des Stauchweges wurden eine mit Dehnmeßstreifen (DMS) bestückte Kraftmeßdose und ein induktiver Wegaufnehmer verwendet. Beide Sensoren sind so nahe wie möglich an der Wirkfuge in das Werkzeug eingebaut, um Fehler durch Massenkräfte und Auffederung zu minimieren (Bild 25).

Bild 25: Vorrichtung für den Flachstauchversuch.

Zur Versuchseinrichtung gehören auswechselbare Stempelpaare unterschiedlicher Breite mit unterschiedlichen Kantenradien. Die Vorrichtung gewährleistet eine exakt mittige Führung der beiden Stempel, bietet jedoch auch die Möglichkeit, einen Stempel in definierter Weise seitlich gegen den anderen zu verschieben. So kann die Auswirkung eines Seitenversatzes experimentell untersucht werden.

Die Stempel wurden aus 12%-igem Chromstahl (X 155 CrVMo 12 1, Werkstoffnummer 1.2379) gefertigt und auf 60 - 62 HRC gehärtet. Die Stempeloberfläche war geschliffen und anschließend poliert. Es kommen Stempel der Breite a_0 = 6mm bzw. 12mm zur Anwendung (Bild 26). Für den Kantenradius werden die Werte R= 0 (d.h. scharfkantig), 1mm, 2mm und 4mm gewählt. Die Versuche werden vorwiegend mit dem Werkstoff St 37-2 in normalisiertem Zustand bei Raumtemperatur durchgeführt. Die Probenhöhe beträgt h_0 = 6mm, dies ergibt a_0 / h_0 = 1 bzw. 2. Die Probenlänge wird zu l_0 = 78mm gewählt, so daß mit l_0 / a_0 = 13 bzw. 6,5 ebene Formänderung gewährleistet ist. Die Stempellänge ist etwas größer als die Probenlänge, damit keine Stege entstehen, die zusätzliche Spannungen erzeugen. Die Proben werden vor dem Stauchen geschmiert, um den Einfluß der Reibung gering zu halten.

a_0 = 6mm R = 0 R = 1mm R = 2mm R = 4mm

a_0 = 12mm R = 0 R = 1mm R = 2mm R = 4mm

Bild 26: Für den Flachstauchversuch eingesetzte Stempel.

Bei der Versuchseinrichtung (hydraulische Presse) kann die Umformgeschwindigkeit in einem weiten Bereich verändert werden. Es besteht somit die Möglichkeit, sowohl polytrope als auch adiabate und isotherme Fließkurven aufzunehmen.

Um eine Fließkurve aufzunehmen wird wie folgt vorgegangen: Die mit Schmierstoff versehene Probe wird zwischen die Stempel der Vorrichtung gelegt. Dann wird der Versuch gestartet. Das Querhaupt der Presse, an welchem die Vorrichtung mittels der Druckplatte befestigt ist, bewegt sich abwärts und staucht die Probe. Die Meßsignale von der Kraftmeßdose und dem induktiven Wegaufnehmer gelangen über Meßwertverstärker zu einer Meßwertdatenerfassungskarte in einem Rechner (PC). Der Kraft-Weg-Verlauf während des Versuches kann direkt auf dem Bildschirm verfolgt werden. Im Rechner werden die Meßsignale in Fließkurven umgerechnet.

Die Auswertung der aufgezeichneten Meßdaten (Stauchkraft, Höhenabnahme und Zeit) erfolgt mit einem Rechenprogramm.
Aus dem gemessenen Weg (der Höhenabnahme) wird der Umformgrad berechnet:

$$\varphi = \ln \frac{h_0}{h} \tag{40}$$

Da die Zeit während des Versuchs mit aufgezeichnet wird, kann sowohl die momentane Umformgeschwindigkeit $\dot{\varphi}$, wie auch eine mittlere Umformgeschwindigkeit $\dot{\varphi}_m$ berechnet werden.
Aus dem Verhältnis der gemessenen Kraft zur Stauchfläche wird der Umformwiderstand berechnet:

$$k_{w'} = \frac{F}{a\,l} \tag{41}$$

Man kann jedoch beim Flachstauchversuch wegen der erwähnten Einflüsse (Längung immer, unterschiedliche wirksame Stempelbreite bei Verwendung von abgerundeten Stempelkanten) (vgl. Abschn. 4.2) nicht ganz streng von einer konstant bleibenden Fläche sprechen. Deshalb werden bei der Berechnung des Umformwiderstandes gemäß Gl.(41) die wirksame Stempelbreite und -länge (a und l) als Variable eingesetzt und für jeden Auswertepunkt die dazu gehörige wirksame Fläche berechnet. Die Fließkurve erhält man durch rechnerisches Eliminieren des Reibungs- und Schiebungsanteiles aus dem Umformwiderstand (vgl. Gl.35):

$$k_f = \frac{k_{w'}}{1 + RA + SA} \tag{42}$$

Die Ergebnisse werden abgespeichert und können sofort, oder zu einem späteren Zeitpunkt graphisch aufbereitet und über einen Drucker oder Plotter ausgegeben werden.

5.1.2 Versuchsergebnisse

Die aus dem gemessenen Umformwiderstand mit Gl. (34) ermittelten Fließkurven wurden u.a. auch daraufhin untersucht, ob sie sich durch den Ludwik-Hollomon-Ansatz:

$$k_f = C\,\varphi^n \tag{43}$$

beschreiben lassen. Auf der Grundlage der logarithmierten Fließkurvengleichung

$$\ln k_f \;=\; \ln C + n\,\ln\varphi \tag{44}$$

ergibt sich durch Rechnung einer linearen Regression der Wert des Verfestigungsexponenten **n** und der Konstanten **C** in Gl.(43) (siehe Stahl-Eisen-Prüfblatt 1123 [12]).

Für den Werkstoff St 37-2 läßt sich die adiabate Fließkurve bzw. die Fließkurve bei hohen Umformgeschwindigkeiten nicht durch den Ludwik-Hollomon-Ansatz beschreiben. Die isotherme Fließkurve hingegen, bzw. die Fließkurve bei kleinen Umformgeschwindigkeiten, läßt sich gut durch diesen Ansatz annähern. Beispielhaft ist in Bild 27 ein Versuchsergebnis dargestellt (die mittlere Umformgeschwindigkeit ist $\dot{\varphi}_m = 0{,}03\ s^{-1}$). Man erkennt eine gute Übereinstimmung der Meßpunkte mit der berechneten Kurve. Sowohl der Umformwiderstand als auch die Fließkurve lassen sich in diesem Fall ab einem Umformgrad von $\varphi = 0{,}02$ gut mit dem Ludwik-Hollomon-Ansatz beschreiben. Es ergibt sich:

$$k_f \;=\; 700\ \varphi^{0{,}178} \quad \left[\frac{N}{mm^2}\right] \tag{45}$$

Auch in der doppeltlogarithmischen Darstellung (Bild 27) ist die gute Übereinstimmung der Meßwerte mit der Geraden nach Gl. (44) zu erkennen.

Bei den Versuchen mit unterschiedlichen Kantenradien bei gleicher Stempelbreite ergeben sich verschiedene Werte für den gemessenen Kraft-Weg-Verlauf, bedingt durch die unterschiedliche wirksame Stempelbreite und den unterschiedlichen Schiebungs- und Reibungsanteil (Bild 28). Bei Berücksichtigung dieser Einflußfaktoren und nach ihrer rechnerischen Eliminierung erhält man Fließkurven, die innerhalb eines sehr engen Streubandes liegen ($\pm$ 0,5 %) - eine Bestätigung der angewandten Auswertemethode (Bild 29).
Dazu ist anzumerken, daß bei der Bestimmung der Reibungszahl μ nach der weiter oben beschriebenen Methode für scharfkantige Stempel kleinere Werte erhalten wurden ($\mu \approx 0{,}02$) als für die Versuche mit abgerundeten Stempelkanten ($\mu \approx 0{,}04$). Bei der Auswertung wurde die jeweils für den konkreten Fall ermittelte Reibungszahl berücksichtigt.

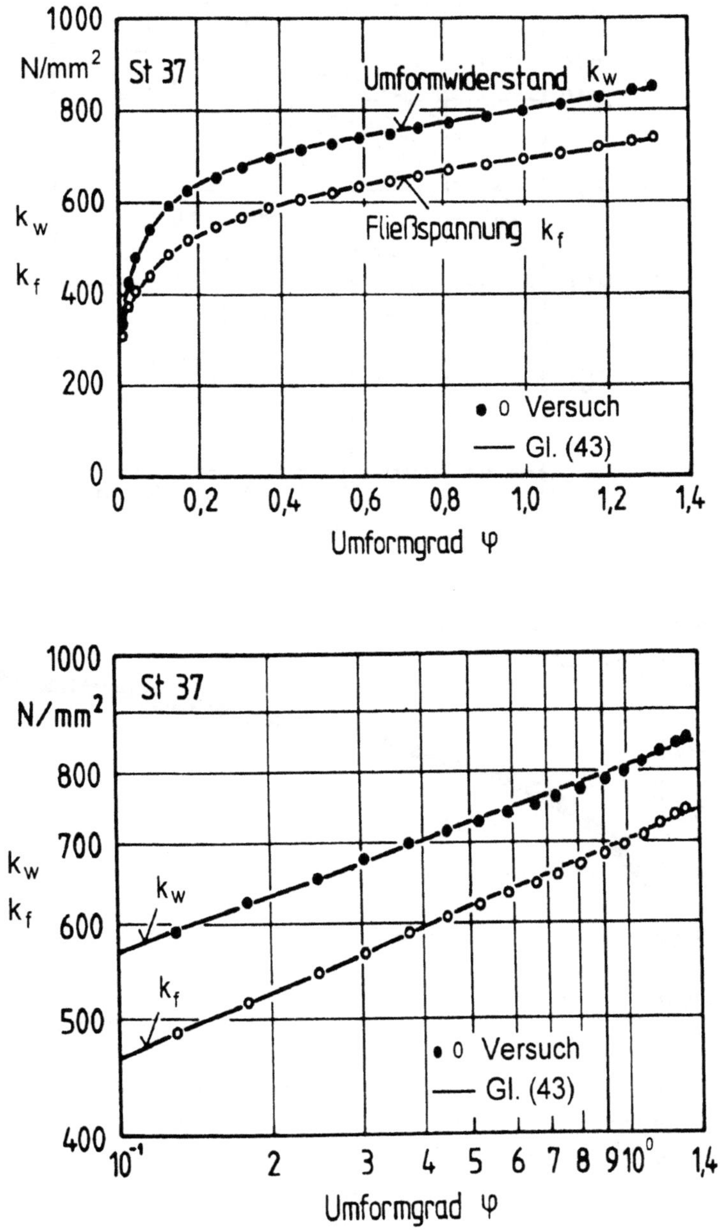

Bild 27: Annäherung der Versuchsergebnisse durch den Ludwik-Hollomon Ansatz.

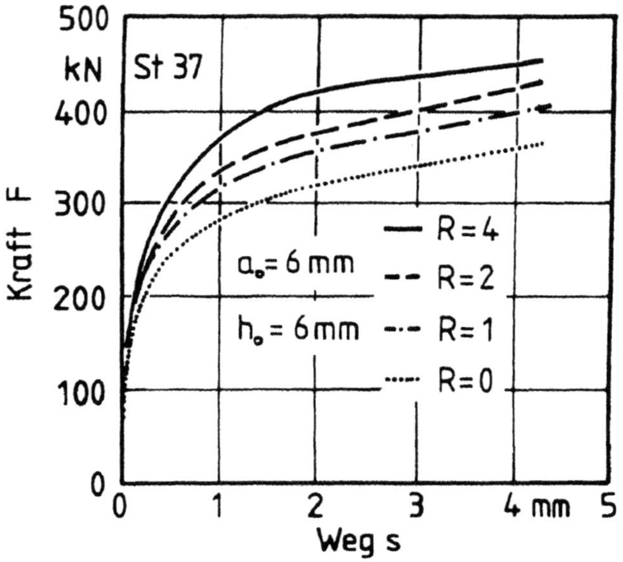

Bild 28: Mit unterschiedlichen Stempeln aufgenommener Kraft - Weg Verlauf.

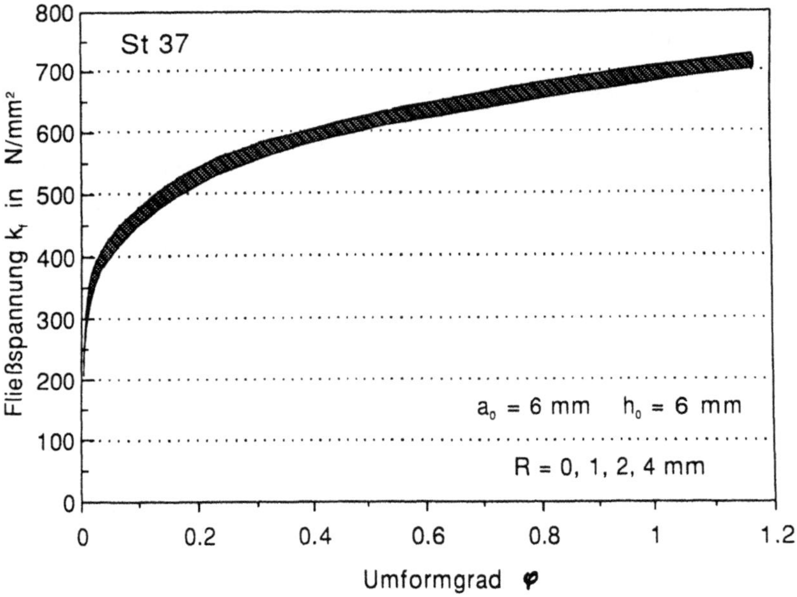

Bild 29: Streuband der mit unterschiedlichen Stempeln ermittelten Fließkurven.

Vergleichende Untersuchungen (Flachzugversuch, Zylinderstauchversuch) zeigen, daß durch die Auswertung des Flachstauchversuches mit der elementaren Theorie nach dem beschriebenen Verfahren die Fließkurve recht genau bestimmt werden kann.

In Bild 30 wird beispielhaft eine im Flachstauchversuch bestimmte Fließkurve von Ck 15 gezeigt. Eingezeichnet ist der gemessene Umformwiderstand (Kurve a) und die daraus durch Eliminieren des Reibungs- und Schiebungsanteiles errechnete Fließkurve (Kurve b). Dabei wurde als Reibungszahl der vorstehend bereits erwähnte Wert $\mu = 0{,}03$ angenommen. Zu Vergleichszwecken wurde am gleichen Werkstoff die Fließkurve im Zylinderstauchversuch nach Rastegaev (Kurve c) ermittelt [68]. Ersichtlich stimmen die beiden Fließkurven gut überein; der Unterschied der Fließspannungen beträgt weniger als ± 1%.

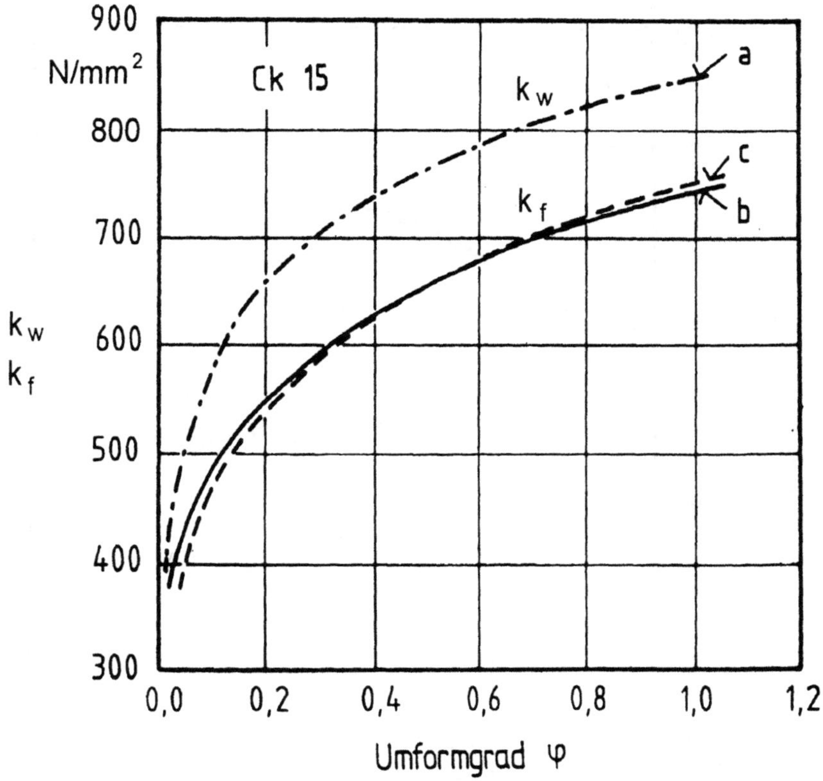

Bild 30: Vergleich Flachstauchversuch mit Zylinderstauchversuch.
(**a**) Umformwiderstand im Flachstauchversuch.
(**b**) Fließspannung aus dem Flachstauchversuch (Annahme $\mu = 0{,}03$).
(**c**) Fließspannung aus dem Zylinderstauchversuch nach Rastegaev.

Zu Vergleichszwecken wurden außerdem Zugversuche für den Werkstoff St 37-2 durchgeführt. Die Zugrichtung wurde dabei so gewählt, daß sie identisch mit der Richtung war, in welcher der Werkstoff beim Flachstauchen fließt. Im Flachzugversuch schnürt sich die Zugprobe ab einem Umformgrad $\varphi = 0{,}18$ ein. Stellt man die Fließkurve aus dem Flachzugversuch zusammen mit dem Ergebnis des Flachstauchversuches dar, so erhält man den Verlauf aus Bild 31. Ersichtlich gibt es ab einem Umformgrad von etwa $\varphi \approx 0{,}04$ eine gute Übereinstimmung der beiden Kurven. Der Unterschied im Anfangsbereich kommt daher, daß beim Zugversuch die Streckgrenze genau ermittelt werden kann. Beim Flachstauchversuch hingegen machen sich die elastische Auffederung des Werkzeuges und der Maschine sowie die inhomogene Beanspruchung bei Stauchbeginn bemerkbar. Der Vergleich zeigt trotzdem, daß der Flachstauchversuch auch bei niedrigen Umformgraden recht genaue Ergebnisse liefert.

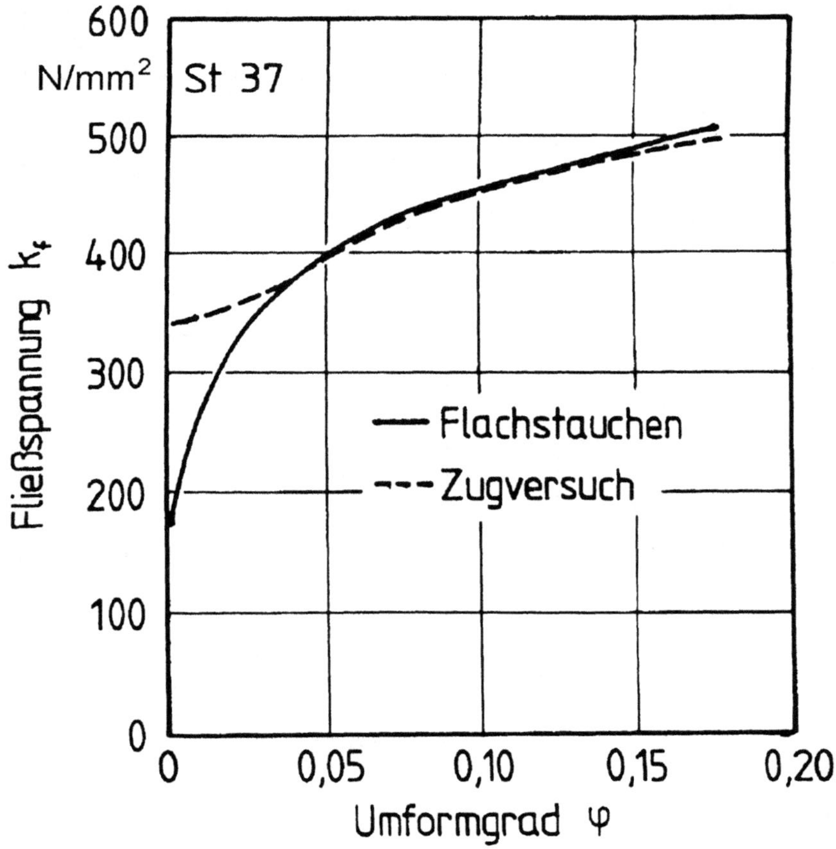

Bild 31: Vergleich der Ergebnisse von Flachstauchversuch und Flachzugversuch.

Neben den Werkstoffen St 37 und Ck 15 wurden auch einige Proben aus Werkstoff mit anisotropem Verhalten gestaucht. Beispielhaft sind in Bild 32 die Fließkurven von stranggepreßtem Feinzink zu sehen. Dabei wurde die Probe A in Strangpreßrichtung und Probe B senkrecht zur Strangpreßrichtung entnommen. Man erkennt deutliche Unterschiede zwischen den beiden Fließkurven als Folge der Textur. Dies verdeutlicht, daß der Flachstauchversuch auch benutzt werden kann, um Aussagen über die plastische Anisotropie von Werkstoffen zu machen.

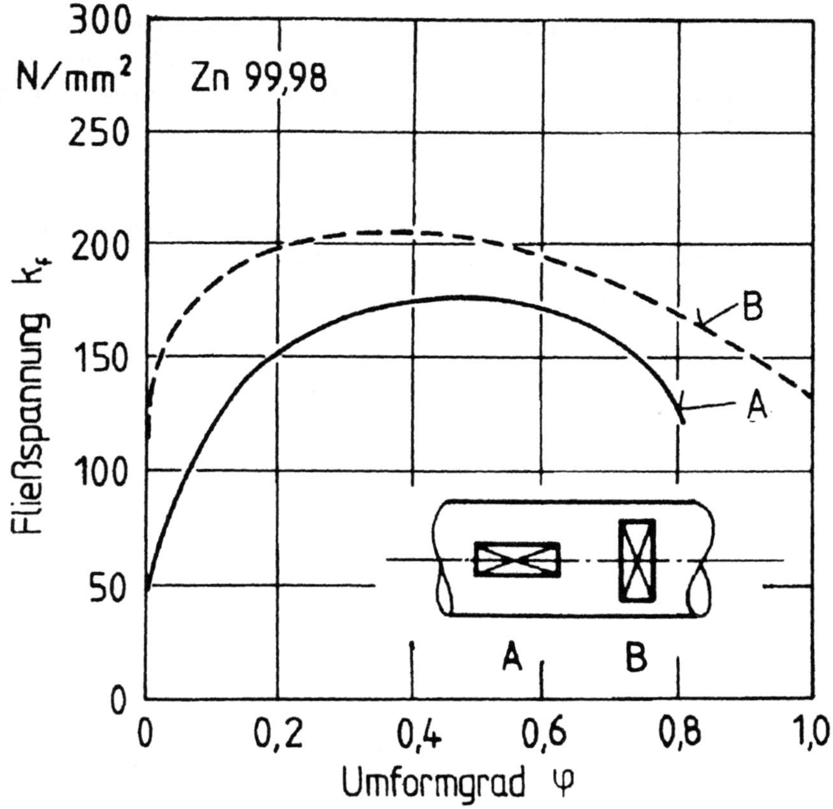

Bild 32: Im Flachstauchversuch aufgenommene Fließkurve von stranggepreßtem Feinzink.

Eine denkbare Fehlerquelle im Flachstauchversuch, die Auswirkung eines Seitenversatzes der Stempel auf die gemessene Kraft, wurde ebenfalls untersucht. Ergebnisse von Versuchen mit einem Werkzeug, bei dem ein definierter Seitenversatz eingestellt wurde, zeigen, daß bei einem kleinen Seitenversatz die gemessene Kraft sich kaum ändert. Vermutlich wird der Anteil der Kraft, der bedingt durch die kleinere wirksame Fläche eigentlich wegfallen müßte, durch zusätzlich auftretende Querkräfte ausgeglichen.

Erst bei einem größeren Seitenversatz (etwa 3-5% der Stempelbreite) bemerkt man einen Unterschied zwischen der mit und ohne Seitenversatz gemessenen Stauchkraft. Gleichzeitig verformt sich die Probe derart, daß man die Abweichungen von der üblichen Probenform mit freiem Auge erkennen und daraus auf einen Seitenversatz schließen kann. Je höher der Umformgrad ist, umso deutlicher ist die Abweichung zu erkennen.

Falls sich also beim Flachstauchen aus irgendeinem Grund ein Seitenversatz einstellen sollte, so wird der Seitenversatz entweder sofort bemerkt (wenn er so groß ist, daß er einen Einfluß auf das Ergebnis hat) und kann beseitigt werden. Oder er ist klein und wird nicht mit freiem Auge bemerkt, dann kann man seine Auswirkung auf die gemessene Stauchkraft und die daraus berechnete Fließspannung vernachlässigen.

Bei der Verwendung von Stempeln mit abgerundeten Kanten treten mit wachsendem Kantenradius erst bei einem größeren Seitenversatz die Abweichungen von der üblichen Probenform, wie auch die Auswirkungen auf die gemessene Kraft, auf. Aus alledem folgt, daß Fehler bei der Bestimmung der Fließkurve, die von einem Seitenversatz herrühren, praktisch ausgeschlossen sind.

5.2 Diskussion der Ergebnisse

Mit den verwendeten Werkstoffen St 37 und Ck 15 konnten im Flachstauchversuch Umformgrade bis $\varphi \approx 2$ erzielt werden (Bild 33). Bei höheren Umformgraden traten Anrisse an den Probenenden auf (Bild 34, siehe auch Bild 12).

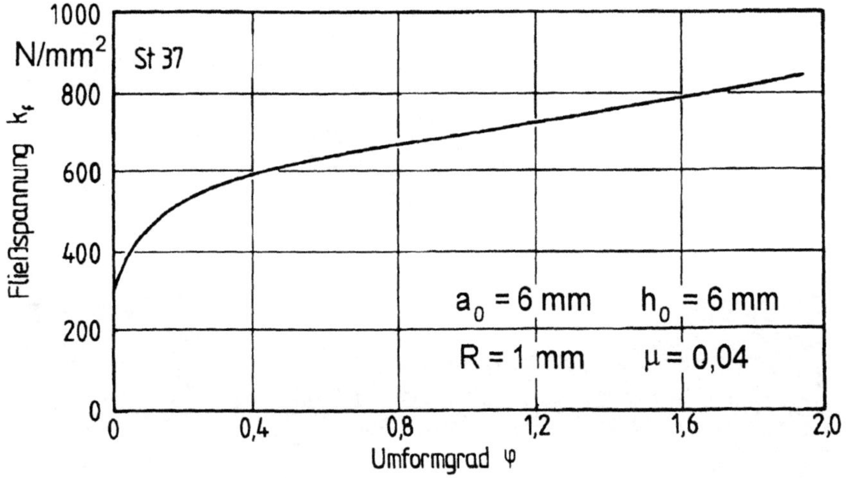

Bild 33: Fließkurve von St 37 ermittelt bis zu hohen Umformgraden im Flachstauchversuch.

Beim Kaltstauchen axialsymmetrischer Probenkörper aus Stahl kann unabhängig von der Anzahl der Stauchstufen ein Stauchgrad von etwa $\varphi \approx 1{,}5$ erreicht werden. Bei größeren Umformungen besteht die Gefahr, daß am Umfang des Werkstücks Risse auftreten [49].

Demnach liegt beim Flachstauchversuch die Grenze für das Formänderungsvermögen des Werkstoffes deutlich höher. Da die Risse nur am Probenende auftreten (Bild 34) und, im Gegensatz zum Zylinderstauchversuch, wahrscheinlich keinen oder nur geringen Einfluß auf die Ermittlung der Fließkurve haben, so können im Flachstauchversuch auch Umformgrade bis $\varphi \approx 3$ erzielt werden.

Bild 34 zeigt eine Flachstauchprobe im Ausgangszustand (h_0=6mm, l=78mm, b=20mm), sowie gestaucht mit Stempeln der Breite a_0=6mm und dem Kantenradius R=1mm, unter Verwendung vom Polymerwachs als Schmierstoff, auf eine Höhe von h=0,82mm (φ=2) bzw. h=0,30mm (φ=3). Des weiteren ist der Querschnitt der Stauchprobe bei verschiedenen Umformgraden (φ = 1, 2 und 3) nach dem Trennen der Probe und ihrer Betrachtung unter dem Profilprojektor dargestellt.

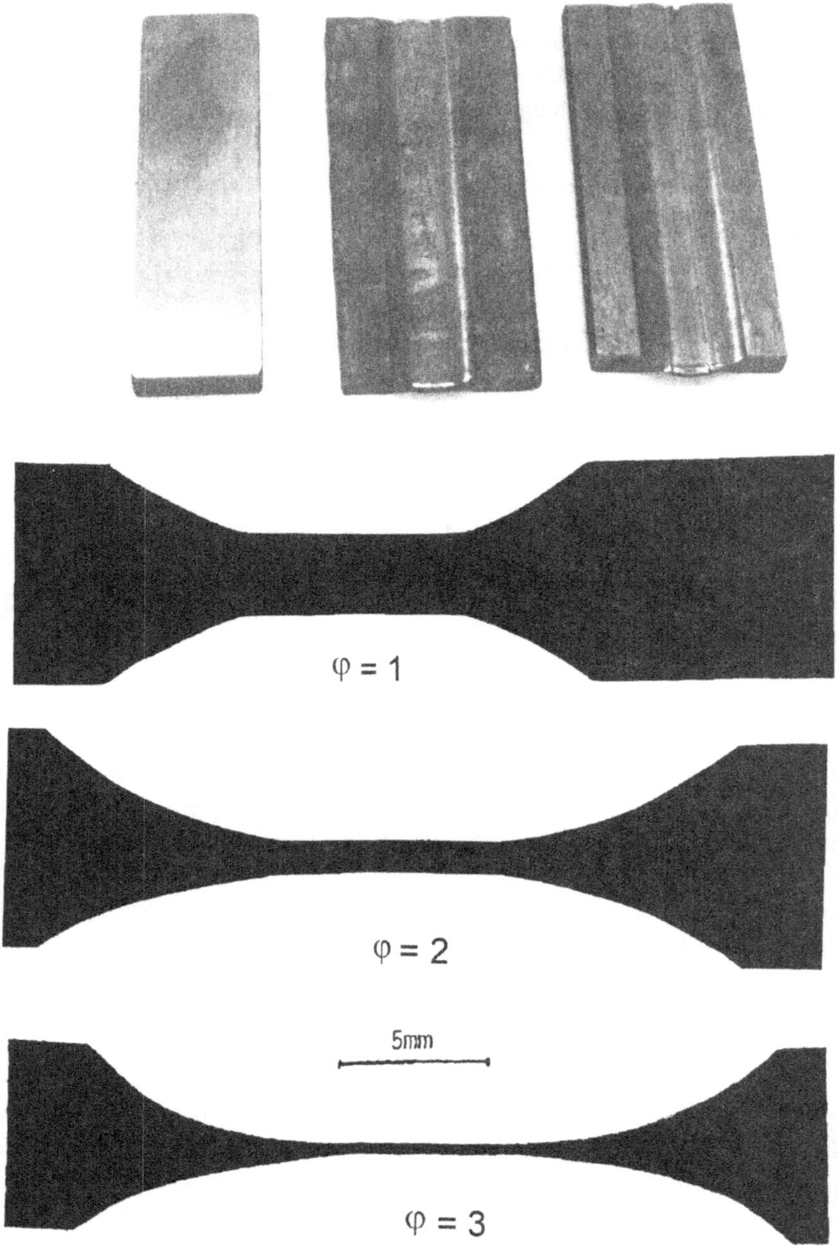

Bild 34: Flachstauchproben bei verschiedenen Umformgraden.

Aufgrund der Versuchsergebnisse haben sich als optimale Versuchsbedingungen, d.h. bei denen der Unterschied zwischen gemessenem Umformwiderstand und tatsächlicher Fließspannung unter 20 % liegt, erwiesen: Für eine Stauchprobe mit der Höhe h_0 = 6mm entweder Stempel der Breite a_0 = 6mm mit dem Kantenradius R=2mm, oder Stempel der Breite a_0 = 12mm mit R=1mm. Geschmiert wird mit Polymerwachs (μ = 0,03 - 0,04).

Bild 35 zeigt das Verhältnis des gemessenen Umformwiderstandes k_w zur daraus berechneten Fließspannung k_f für die günstigsten Versuchsbedingungen. Zu erkennen ist, daß selbst unter optimalen Versuchsbedingungen im Flachstauchversuch ein Umformwiderstand gemessen wird, der im Durchschnitt etwa 15% höher als die eigentliche Fließspannung ist. Deshalb ist es notwendig, aus den Meßwerten den Reibungs- und Schiebungsanteil zu eliminieren.

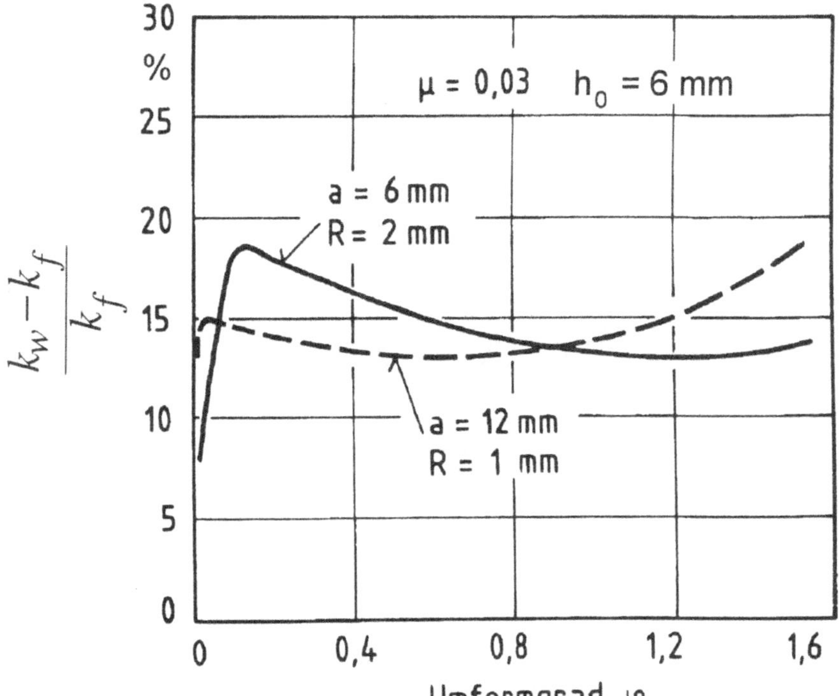

Bild 35: Unterschied zwischen k_w und k_f für die günstigsten Versuchsbedingungen beim Flachstauchversuch.

6 Zugversuch

6.1 Vorversuche

Begleitend zu den theoretischen Betrachtungen in Abschnitt 2.3 wurde eine Reihe von experimentellen Untersuchungen an Zugproben unterschiedlicher Gestalt durchgeführt:

- An Normzugproben (Bild 36) wurden die Fließkurven dreier Werkstoffe bis zur Gleichmaßdehnung ermittelt.

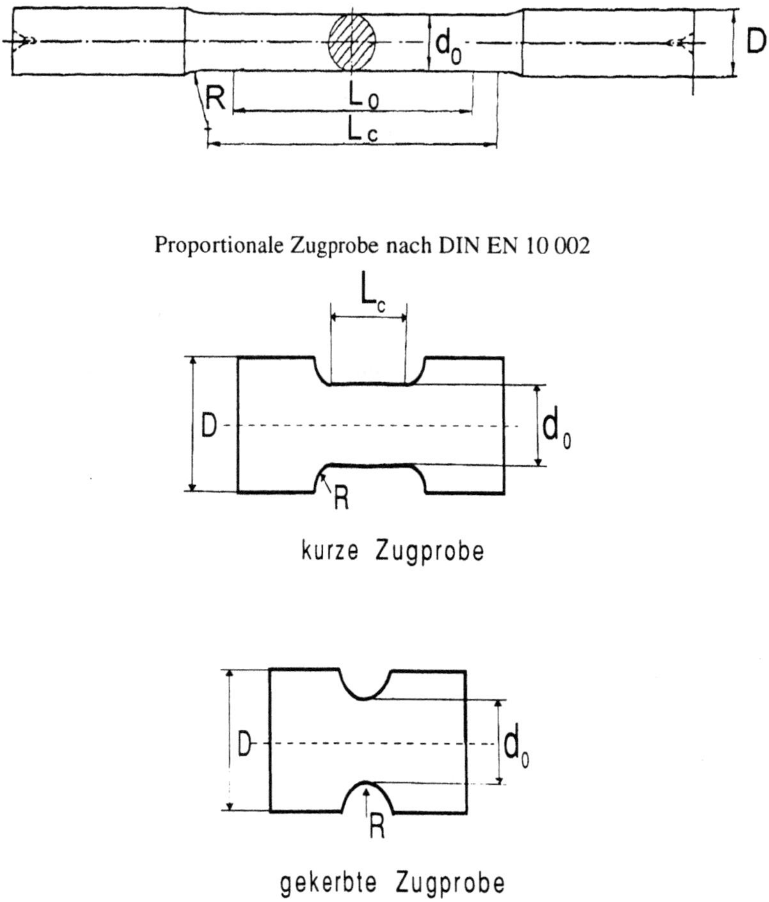

Bild 36: Verwendete Probentypen.

Aus den Versuchswerkstoffen Ck15, CuZn28 und AlMg5 wurden Zugproben nach DIN EN 10 002 gefertigt, um die Fließkurven aufzunehmen. Ergänzend wurde die Härteverteilung nach Vickers (DIN 50 133) [69] an der metallographisch präparierten Schnittfläche einer in Längsrichtung getrennten Probe durchgeführt, um die Werkstoffeigenschaften im Grundzustand zu erhalten bzw. die gleichmäßige Verteilung dieser Eigenschaften zu bestätigen. Es ergaben sich folgende Werte:

Ck15 :	156 ± 3 HV 30
CuZn28 :	85 ± 2 HV 10
AlMg5 :	50 ± 4 HV 1

Anschließend wurden von der Norm abweichende Zugproben gemäß Bild 36 angefertigt.
- Zwei unterschiedliche Probentypen (kurze bzw. gekerbte Proben) (Bild 36) wurden bis in den vollplastischen Bereich gedehnt. Dem Umformgrad aus der Durchmesseränderung stellte man zum einen den Umformwiderstand, zum andern die mit den Korrekturfaktoren (C_S bzw. C_B) berrechnete Fließspannung gegenüber. Im Anschluß daran wurden die Proben in Längsrichtung aufgetrennt. Eine Härteprüfung an den metallographisch präparierten Schnittflächen ermöglichte Aussagen über die Ausdehnung des plastisch umgeformten Volumens und über die Homogenität der Formänderungsverteilung.

Die mittlere Umformgeschwindigkeit $\dot{\varphi}_m$ über dem Probenquerschnitt der kurzen Proben im Vergleich zu den DIN-Proben ist abhängig von der zylindrischen Länge L_0 des Mittelteils. Bei der DIN-Probe beträgt die Meßlänge i.allg. das 5-fache des Durchmessers. Hat bei der kurzen Probe der zylindrische Teil eine Länge von z.B. nur 10% des Durchmessers, so ergibt sich theoretisch eine 50-fache höhere mittlere Umformgeschwindigkeit bei gleicher Geschwindigkeit des Querhauptes der Zugprüfmaschine. Dies veranschaulicht, daß ein möglichst kurzer zylindrischer Teil notwendig ist, um recht hohe Umformgeschwindigkeiten zu erzielen. Am besten wäre $L_0 \leq 0{,}5\ d_0$, da dann $\dot{\varphi}_{mk} \geq 10\ \dot{\varphi}_{mDIN}$ ist. Deshalb wird im folgenden das Verhältnis $L_0 = 0{,}5\ d_0$ bei der Probenherstellung verwendet. Die Probe wird als "kurz" bezeichnet. Außerdem wird noch eine Probe ohne zylindrisches Mittelteil, also nur gekerbt, betrachtet. Konstant gehalten wurde bei allen Versuchen der Probendurchmesser d_0=10 mm. Die Proben wurden auf einer CNC-Drehmaschine gefertigt. Alle Versuche wurden bei Raumtemperatur durchgeführt.
Die gefertigten Proben (DIN, kurz, gekerbt) wurden in einer Zugprüfmaschine in Stufen bis zu unterschiedlichen Verlängerungen gezogen. Auf den Proben waren Meßmarken aufgebracht. Der Abstand zwischen den einzelnen Linien des Meßrasters wurde vor Versuchsbeginn mit Hilfe eines Digitalmeßmikroskopes für jede Probe individuell vermessen. Während des Versuches wurde die Zugkraft aufgezeichnet. Die Versuche wurden in Stufen bis zum Erreichen des Kraftmaximums (die sogenannte "primäre Instabilität") durchgeführt. Nach Versuchsende wurde der Abstand zwischen den einzelnen Linien des Meßrasters neu vermessen. Außerdem wurde der minimale Durchmesser entsprechend jeder Belastungsstufe ermittelt.

Die Meßergebnisse für alle drei Probentypen wurden zuerst formal wie beim Zugversuch nach DIN EN 10 002 ausgewertet, d.h. aufgrund der Längenmessung durch Ausmessen des aufgebrachten Meßrasters. Dabei ergaben sich für die kurzen und die gekerbten Proben keine brauchbaren Ergebnisse für die erhaltenen Fließkurven im Vergleich zu den mit den DIN-Proben ermittelten Fließkurven. Die durchgeführten Längenmessungen bestätigten die in Abschnitt 2.3 gemachte Aussage, daß unterschiedliche Meßlängen zu verschiedenen Umformgraden führen und folglich keine eindeutige Zuordnung von Umformung und Spannung gegeben ist.

Bei der DIN-Probe herrscht bis zur Gleichmaßdehnung ein homogener einachsiger Spannungszustand. Bei den kurzen und vor allem bei den gekerbten Proben wird die freie Querkontraktion durch die Kerbe behindert, was das Entstehen von Querspannungen und damit im Innern einen dreiachsigen Spannungszustand zur Folge hat.

Für den gekerbten, runden Zugstab liegen geschlossene Lösungen zur Berechnung der Spannungsverläufe im elastischen Zustand vor, die im wesentlichen auf [70] zurückgehen. Charakterisiert wird die Spannungsverteilung im elastischen Bereich (Bild 37) durch die Formzahl der Kerbe α_k (dem Verhältnis von Spannungsspitze σ_{1max} zur Nennspannung σ_n), die die Erhöhung der Nennspannung im Kerbgrund angibt und daher größer Eins ist.

$$\alpha_k = \frac{\sigma_{1max}}{\sigma_n} \tag{46}$$

Die Formzahl α_k ist von der Kerbform (z.B. Kerbradius, Kerbtiefe), der Bauteilgeometrie und der Beanspruchungsart abhängig. Unterhalb der Streckgrenze, solange sich der Werkstoff linearelastisch verhält, ist die Formzahl α_k sowohl vom Werkstoff als auch von der absoluten Größe der Nennspannung (der Höhe der Beanspruchung) unabhängig. Aus ihrer Größe kann daher nicht auf das Werkstoffverhalten geschlossen werden, da sich verschiedene Werkstoffe bei gleicher Formzahl durchaus unterschiedlich verhalten.

Durch plastisches Fließen im Kerbgrund werden die Spannungszustände aber schon früh wesentlich verändert (Bild 37). Dabei erreichen im vollplastischen Zustand sowohl die Längsspannung ($\sigma_l = \sigma_1$) als auch die Querspannungen ($\sigma_r = \sigma_2$; $\sigma_t = \sigma_3$) in der Probenmitte ihren höchsten Wert [82].

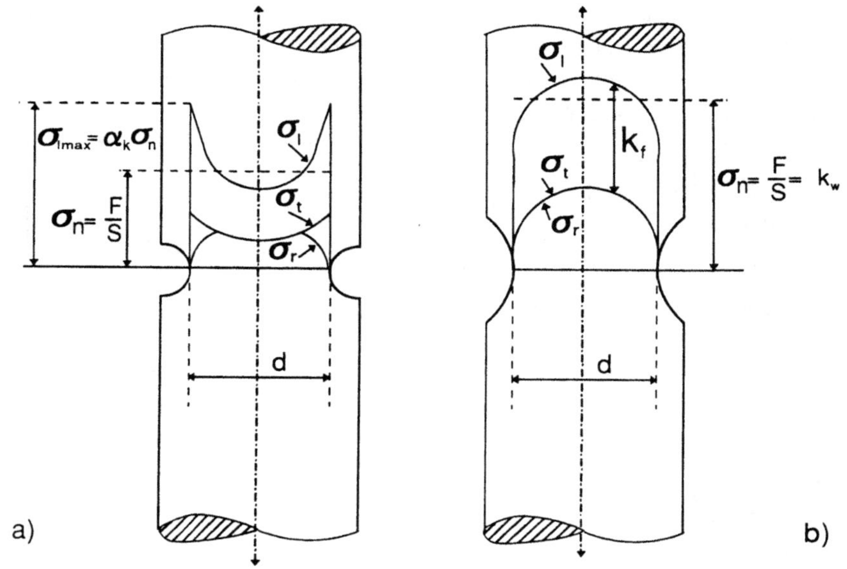

Bild 37: Spannungsverteilung über dem Kerbgrundquerschnitt eines gekerbten Rundstabes bei Zugbelastung (nach [34, 39, 81, 82]). **a** = elastisch, **b** = plastisch

Bei Prüfung kurzer und gekerbter Proben im Zugversuch ist der ganze Verlauf des Spannung-Dehnung-Schaubildes, bedingt durch den dreiachsigen Spannungszustand in der Umformzone (am stärksten bei den gekerbten Proben), zu höheren Werten hin verschoben. Deshalb wird während des Zugversuches ein Umformwiderstand k_w gemessen, der auf die Fließspannung k_f umgerechnet werden muß. Dazu können die Korrekturfaktoren nach Siebel (C_S) (Gl. 14) oder Bridgman (C_B) (Gl. 16) verwendet werden.

$$k_f = \frac{k_w}{C_S} \qquad bzw. \qquad k_f = \frac{k_w}{C_B} \tag{47}$$

Nachdem die Längenmessung keine brauchbaren Ergebnisse geliefert hatte, wurden die Versuche auch mit Hilfe der Durchmessermessung ausgewertet. Aus der gemessenen Kraft und dem entsprechenden Durchmesser wurden Umformwiderstand und Umformgrad berechnet.

$$k_w = \frac{4\,F}{\pi\, d^2} \tag{48}$$

$$\varphi_d = 2\,\ln \frac{d_0}{d} \tag{49}$$

Diese stellen den Mittelwert im Querschnitt mit dem kleinsten Probendurchmesser dar.

Beispielhaft sind in Bild 38 die Versuchsergebnisse für die AlMg5-Legierung dargestellt. Zu sehen sind die Fließkurve, ermittelt mit der DIN-Probe, sowie der gemessene Umformwiderstand k_w der gekerbten Probe und der kurzen Probe. Wie zu erwarten war, liegen die gemessenen Spannungen erheblich über der Bezugsfließkurve.

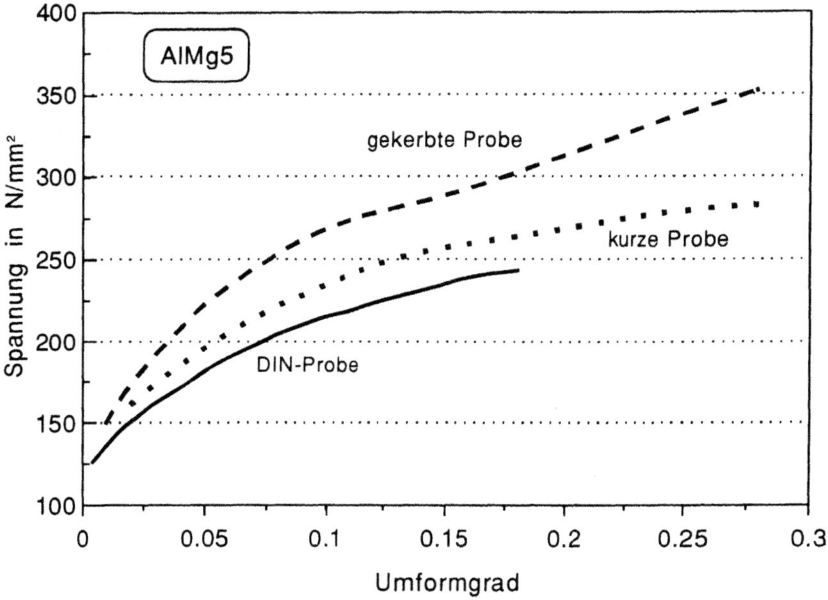

Bild 38: Ergebnisse des Zugversuches: aufgenommene Fließkurve mit der DIN-Probe; gemessener Umformwiderstand mit der kurzen und der gekerbten Probe.

Bei der Umrechnung des Umformwiderstandes in die Fließspannung mit dem Korrekturfaktor nach Bridgman erhielt man für die gekerbten Proben (d.h. $L_c = L_0 = 0$) mit dem Kerbradius R=2,5mm eine annähernde Übereinstimmung der errechneten Fließkurve mit der Fließkurve, die mit der DIN-Probe aufgenommen wurde (Bild 39). Auch die Auswertung nach Siebel ergibt fast die gleichen Ergebnisse, da die Kerbziffer klein war (siehe auch Bild 4). Für diese Geometrie beträgt der Unterschied zwischen der Auswertung nach Siebel und nach Bridgman 2-3%. Die Übereinstimmung der beiden Fließkurven wäre wahrscheinlich noch besser, wenn für jeden Meßpunkt der dazugehörige Krümmungsradius bekannt wäre und im Korrekturfaktor berücksichtigt würde. In dem dargestellten Fall wurde mit einem konstanten Krümmungsradius gerechnet, und zwar mit dem Mittelwert zwischen dem gemessenen Anfangs- und Endwert.

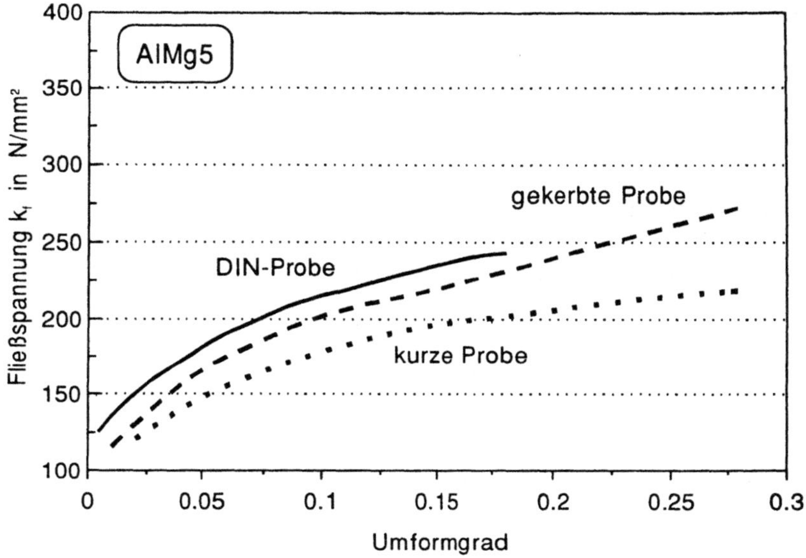

Bild 39: Ergebnisse des Zugversuches: aufgenommene Fließkurve mit der DIN-Probe; errechnete Fließkurve (nach Bridgman) für die kurze und die gekerbte Probe.

Wertet man die Versuchsergebnisse der Probe mit dem kurzen zylindrischen Teil, für welche $L_0 = 0{,}5\ d_0$ gilt, genauso mit dem Korrekturfaktor nach Bridgman aus, so ist keine gute Übereinstimmung der beiden Fließkurven (DIN-Probe, kurze Probe) zu erkennen (Bild 39). Der gemessene Umformwiderstand (Bild 38) ist größer als die Fließspannung der DIN-Probe, jedoch nicht so hoch wie der Umformwiderstand bei der gekerbten Probe (der Kerbeffekt ist hier geringer, aber er ist vorhanden). Deshalb ergibt weder die direkte Auswertung, noch die Anwendung des Korrekturfaktors nach Bridgman oder Siebel eine Übereinstimmung mit der Fließkurve der DIN-Probe.

Zur Klärung von Fragen hinsichtlich der Abgrenzung des plastisch verformten vom elastisch starren Werkstoffvolumen und der Homogenität der Umformung innerhalb dieses Volumens bot sich eine Härteprüfung nach Vickers (DIN 50 133) an den Proben an. Der Grad der Formänderung kann mit den Härtewerten in Beziehung gesetzt werden [71]. Demnach entspricht die Härteverteilung grob der Verteilung der Formänderungen. Zur Erfassung der Formänderungsverteilung wurden einige Proben bis zu unterschiedlichen Verlängerungen gezogen, ausgespannt und in der Mittelebene aufgetrennt. Nach dem Trennen der Probenkörper in Längsrichtung, Einbetten in Kunstharz und anschließendem Schleifen und Polieren wurde auf den Schnittflächen die Verteilung der Vickers-Härte gemessen. Damit konnten erste Aussagen über die Homogenität der Umformung gemacht werden.

Aufgrund der während des Trennens eingebrachten Wärme wurde ungewollt die Rekristallisationstemperatur des Werkstoffs AlMg5 überschritten. Wegen der vorhandenen Verformung kam es zu Veränderungen innerhalb des umgeformten Gefüges und damit zur Unbrauchbarkeit dieser Probenkörper.

Für die kurzen bzw. gekerbten Proben der beiden anderen Werkstoffe (Ck15 bzw. CuZn28) erhielt man aus den gemessenen Werten der einzelnen Punkte schließlich näherungsweise Linien gleicher Härte, die in den Bildern 40 - 43 in die jeweilige Probengestalt eingezeichnet sind. Es ist zu erkennen, daß der Werkstoff in allen Fällen inhomogen umgeformt wurde.

In Bild 40 und 41 sind die Ergebnisse für den Werkstoff Ck 15 (Ausgangshärte: 156 ± 3 HV30) dargestellt. Bei der gekerbten Probe (Bild 40) reicht die Umformzone weit in den zylindrischen Teil des Probenkopfes hinein. Die Unterschiede zwischen den einzelnen Meßwerten sind im Kerbbereich nicht allzu groß (zwischen 200 - 210 HV30). Erst bei Beginn des zylindrischen Teiles des Probenkopfes wird das Gefälle der Härtewerte etwas größer. Bei der kurzen Probe (Bild 41) bemerkt man über dem zylindrischen Mittelstück kleine Unterschiede der gemessenen Härtewerte (235 - 220 HV30). Im Übergangsbereich zwischen den beiden zylindrischen Teilen (Mittel-, bzw. Kopfstück), d.h. im Radiusbereich, gibt es einen starken Abfall der Härtewerte (220 - 190 - 160 HV30). Im zylindrischen Kopfstück der Probe ist keine Umformung mehr nachweisbar.
Bei beiden Geometrien sind die Unterschiede der Härtemessung im Bereich des engsten Probenquerschnittes in der Größenordnung von 10 HV30 (gekerbte Probe) bzw. 15 HV30 (kurze Probe). Erst außerhalb dieses Bereiches gibt es große Härteunterschiede und die Umformung wird stark inhomogen.

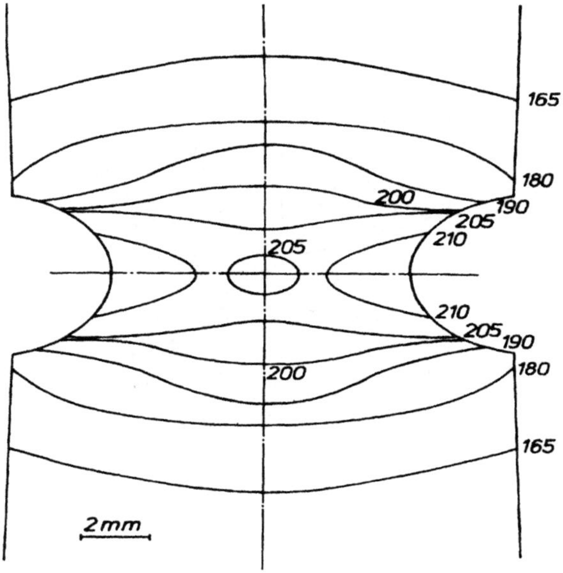

Bild 40: Gemessene Härteverteilung (Vickers) in einer umgeformten gekerbten Zugprobe aus CK15 ($\varphi_d = 0{,}26$; Ausgangshärte: 156 ± 3 HV30).

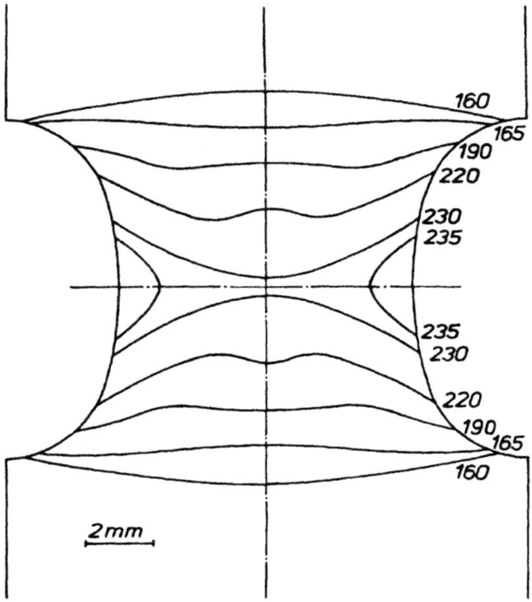

Bild 41: Gemessene Härteverteilung (Vickers) in einer umgeformten kurzen Zugprobe aus Ck15 ($\varphi_d = 0{,}33$; Ausgangshärte: 156 ± 3 HV30).

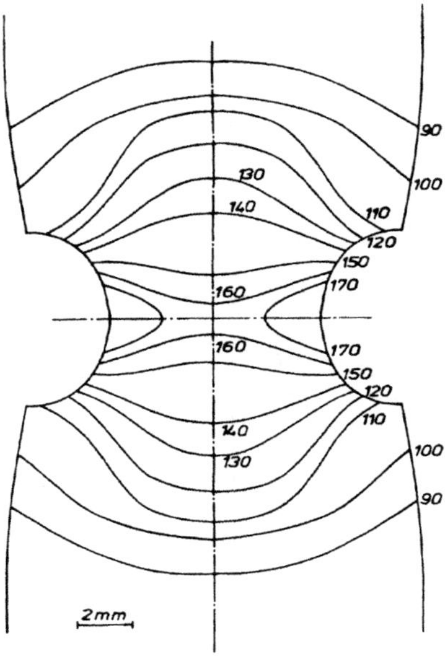

Bild 42: Gemessene Härteverteilung (Vickers) in einer umgeformten gekerbten Zugprobe aus CuZn28 ($\varphi_d = 0{,}58$; Ausgangshärte: 85 ± 2 HV10).

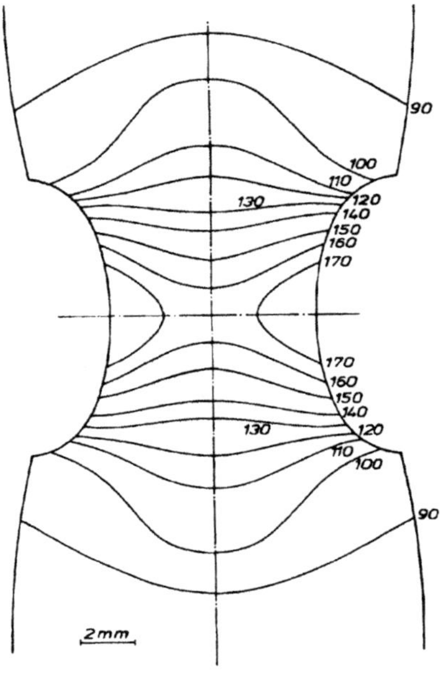

Bild 43: Gemessene Härteverteilung (Vickers) in einer umgeformten kurzen Zugprobe aus CuZn28 ($\varphi_d = 0{,}55$; Ausgangshärte: 85 ± 2 HV10).

Ähnliches gilt für die Proben aus Messing (Bild 42 und 43), nur wurden hier bedeutend höhere absolute Umformgrade erreicht. Im Bereich des engsten Probenquerschnittes wurden Härteunterschiede in der Größenordnung von 20 HV10 (gekerbte Probe) bzw. 30 HV10 (kurze Probe) gemessen.

Die in den Bildern 40 - 43 wiedergegebenen Linien gleicher Härte lassen sich nun in folgender Weise interpretieren:

- Sowohl gekerbte Probenkörper als auch solche mit einem kurzen zylindrischen Zwischenstück werden bei Längsbeanspruchungen oberhalb der Streckgrenze nicht gleichmäßig über dem Querschnitt umgeformt. Um Homogenität der Formänderung zu gewährleisten, müssen folglich bei Querschnittsveränderungen genügend große Übergangszonen berücksichtigt werden, wie das in der Norm durch die Festlegung der Versuchslänge L_c und der Meßlänge L_0 geschehen ist.
- Die Ausdehnung des plastischen Volumens ist außer von der Probengestalt auch vom Werkstoff abhängig. So konzentriert sich bei Werkstoffen mit niedrigem Verfestigungsexponenten (z.B. Ck15) die Umformung stärker auf das Gebiet der geometrischen Schwächung, wohingegen bei einem Werkstoff mit höherem Verfestigungsexponenten (z.B. CuZn28) die plastische Zone weiter in die Randbereiche vordringen kann.
- In den im Kerbgrund bzw. in der Mittelebene des zylindrischen Probenteilstücks liegenden Querschnitten treten die Maximalwerte der Härte außen auf. In den Querschnitten der Durchmesserübergänge hingegen liegen die Höchstwerte im Probeninnern auf der Achse. Aus dieser Tatsache heraus wird ersichtlich, daß Verformungen an der Probenoberfläche nicht eindeutig mit den Formänderungen im Innern der Probe in Beziehung gebracht werden können.

Es erscheint wenig sinnvoll, die Formänderungsverteilung aus Experimenten heraus quantitativ erfassen zu wollen, da der hohe Aufwand der Probenvorbereitung und der Härtemessung in keinem Verhältnis zur Aussagefähigkeit der erhaltenen Ergebnisse steht. Eher bietet sich eine Möglichkeit, die verschiedenen Einflußgrößen rechnerisch unter Zuhilfenahme der Finite-Element-Methode zu verfolgen und im Hinblick auf eine Verbesserung der Homogenität der Formänderungsverteilung die Probengeometrie zu optimieren.

In weiteren Versuchen wurden auch Hohlproben untersucht, da hierbei eine bessere Homogenität der Umformung erwartet wurde. Die Ergebnisse waren jedoch unbefriedigend. Deshalb wird im Rahmen dieser Ausführungen nicht weiter darauf eingegangen. Bei den Hohlproben mit Kerbe kann nur der Außendurchmesser gemessen werden. Es zeigte sich jedoch, daß auch der Innendurchmesser sich im Laufe des Versuches ändert. Deshalb ist die Bestimmung der momentanen Fläche und daraus abgeleitet des Umformgrades und Umformwiderstandes (Fließspannung) problematisch.

6.2 Rechnerische Beschreibung des Zugversuches

Nachdem die ersten Zugversuche ausgewertet waren und somit Ausgangsdaten zur Verfügung standen, wurde der Zugversuch an DIN-, kurzen und gekerbten Proben mit dem bereits erwähnten Finite-Element-Programm EPDAN (s. Abschnitt 4.3) teils auf dem Cray2-Rechner der Universität Stuttgart und teils auf institutseigenen Workstations simuliert.

Die wichtigsten Einflußgrößen auf die Genauigkeit der FEM-Rechnung waren die Elementgröße und das Verschiebungsinkrement. Zunächst wurde die Elementgröße optimiert. Mehrere Rechenläufe mit unterschiedlichen Netzen zeigten, daß die Umformzone bei den untersuchten Geometrien mindestens in 10 Elemente in radialer Richtung aufgeteilt werden muß, um den Verlauf der Spannungs- und Formänderungsverteilung hinreichend genau zu erfassen. Die Untersuchung mit elastisch-plastischer FEM und unterschiedlichen Verschiebungsinkrementen (jeweils 1.0, 0.1, 0.01mm pro Schritt) zeigte, daß sowohl die berechnete Spannungsverteilung als auch der Stofffluß nur unwesentlich von der Inkrementgröße beeinflußt werden. Die Benutzung eines zu kleinen Inkrements erhöht nur unnötig den Rechenaufwand.

Zur Beschreibung des Werkstoffverhaltens wurde die Fließkurve in Form der Ludwik-Hollomon-Beziehung eingegeben. Die vorgegebene Fließkurve ist $k_f = 750\ \varphi^{0.2}$.
Aus Symmetriegründen wurde meistens lediglich ein Viertel der Probe simuliert. Der Probendurchmesser beträgt in allen Fällen $d_0 = 10$ mm.

Die Ergebnisse der FEM-Rechnung werden im folgenden dargestellt und diskutiert.

6.2.1 Zugkraft

Vergleicht man die aufgenommene Zugkraft beim Dehnen der DIN-Probe mit der Zugkraft beim Dehnen einer kurzen oder gekerbten Probe, so wird ein ähnlicher Verlauf festgestellt, bestehend aus einem Anstieg zum Kraftmaximum und einem Abfall (Instabilität).

In Bild 44 ist der Verlauf der Zugkraft über dem Weg aufgetragen, einmal für die DIN-Probe, dann für eine kurze Probe mit L_c=5mm und für eine gekerbte Probe mit Kerbradius R= 10mm. Ersichtlich wird das Kraftmaximum für die verschiedenen Proben bei unterschiedlichen Verlängerungen erreicht. Stellt man jedoch den Kraftverlauf über dem Umformgrad aus der Durchmessermessung φ_d dar (Bild 45), so ist zu erkennen, daß das Kraftmaximum für alle Geometrien bei ungefähr gleichem Umformgrad liegt (φ_d=0,2). Auch hat der Kraftverlauf die gleiche Form, nur ist er wegen den Querspannungen bei der kurzen und der gekerbten Probe zu höheren Werten verschoben.

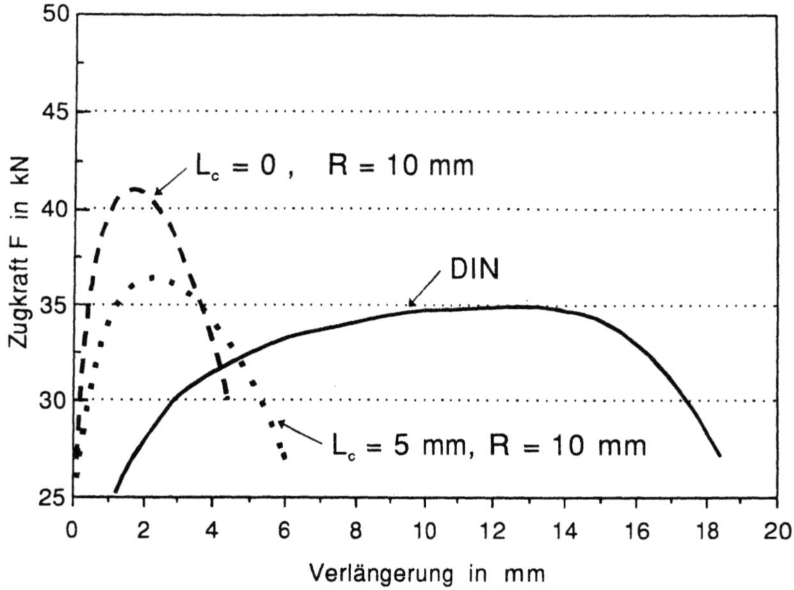

Bild 44: Zugkraft als Funktion der Probenverlängerung für unterschiedliche Geometrien.

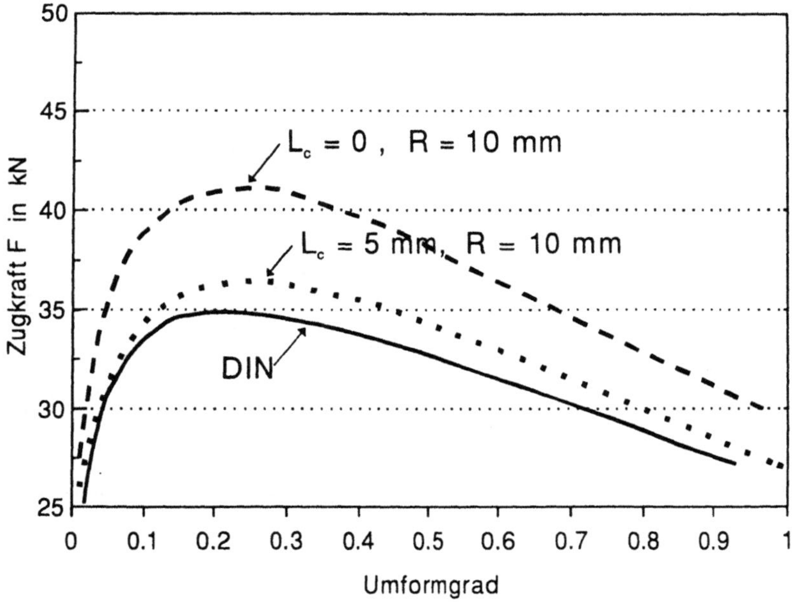

Bild 45: Verlauf der Zugkraft über dem Umformgrad für unterschiedliche Probengeometrien.

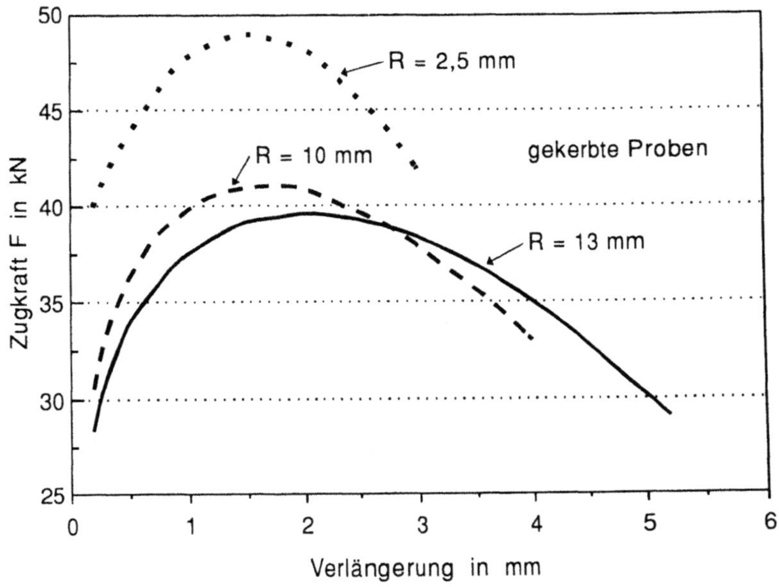

Bild 46: Zugkraft als Funktion der Probenverlängerung für gekerbte Proben.

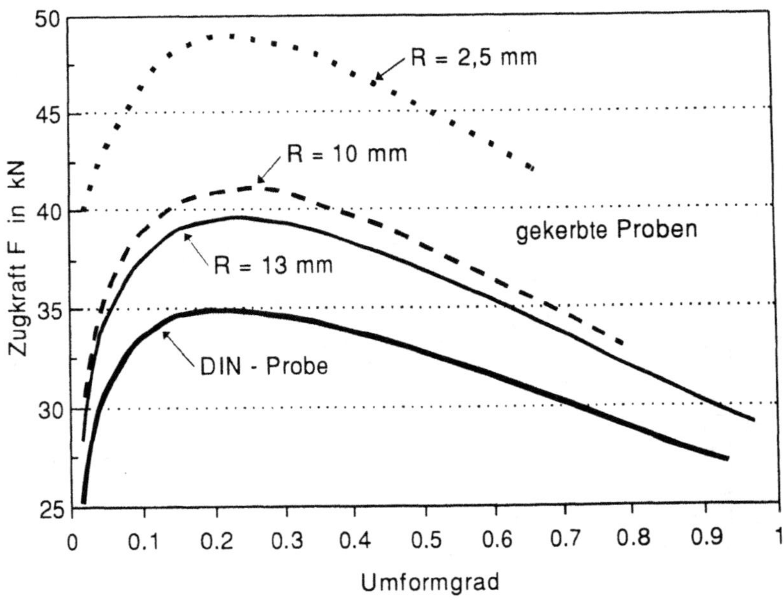

Bild 47: Verlauf der Zugkraft über dem Umformgrad für gekerbte Proben.

Die notwendige Verlängerung, um einen bestimmten Umformgrad zu erreichen, sagt etwas über die Größe der Umformzone aus. Dies zeigt sich auch an den Bildern 46 und 47 für die gekerbte Probe mit unterschiedlichem Kerbradius. Mit größer werdendem Kerbradius (von 2,5mm über 10mm auf 13mm) wird die axiale Ausdehnung der Umformzone größer, d.h. es muß ein größerer Weg zurückgelegt werden, um im engsten Probenquerschnitt den gleichen Umformgrad zu erzielen. Ebenfalls ist zu sehen, daß die notwendigen Zugkräfte deutlich vom Kerbradius bestimmt werden. Sie liegen umso höher über der Zugkraft der DIN-Probe, je kleiner der Kerbradius ist.
Im Vergleich dazu hat bei der kurzen Probe (Bild 48) mit L_c=5mm der Übergangsradius nur einen schwachen Einfluß auf die Zugkraft. So ist für die Übergangsradien R=10mm bzw. R=13mm kaum ein Unterschied zu erkennen.

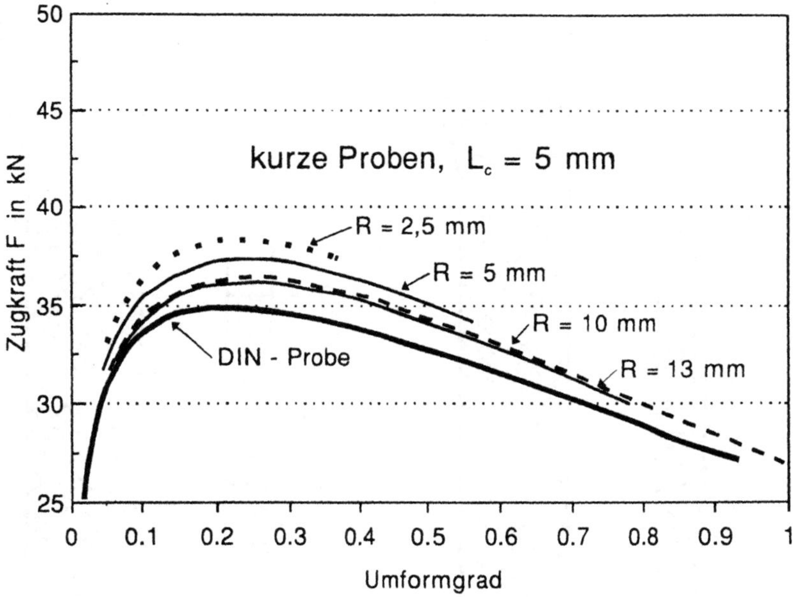

Bild 48: Zugkraft als Funktion der Probenverlängerung für kurze Proben.

6.2.2 Spannungs- und Formänderungsverteilung, Homogenitätsgrad.

Es wird der Homogenitätsgrad der Formänderung HO_φ definiert als das Verhältnis des minimalen zum maximalen Umformgrad über dem kleinsten Probenquerschnitt. Genauso wird der Homogenitätsgrad der Spannung HO_σ definiert als das Verhältnis der minimalen zur maximalen Spannung über dem kleinsten Probenquerschnitt.

Zunächst wird eine DIN-Zugprobe betrachtet. Bei einer Probenlängung von 12mm würde die Durchmessermessung einen Umformgrad von φ_d=0,19 ergeben (Bild 49). Beim Ziehen in y-Richtung ergibt sich bis zum Kraftmaximum eine homogene Spannungsverteilung über der Probe. Bei der Verteilung der örtlichen Formänderungen zeigt sich über dem Querschnitt eine recht gute Homogenität. In diesem Fall ist der Homogenitätsgrad sowohl bei der Spannungs- als auch bei der Formänderungsverteilung wie erwartet 1 ($HO_{\sigma_y} = HO_\varphi = 1$). Die Homogenität ist jedoch nicht über der gesamten Meßlänge L_0 gewährleistet.

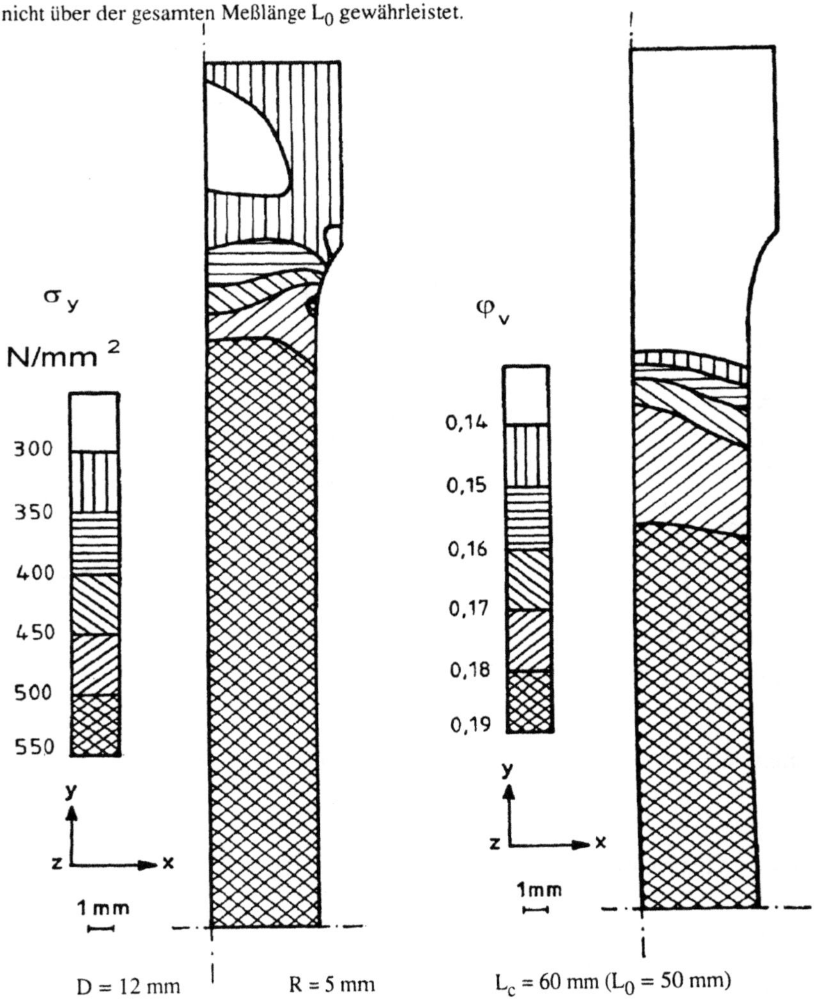

D = 12 mm R = 5 mm L_c = 60 mm (L_0 = 50 mm)
ΔL = 12 mm d_{min} = 9,1 mm φ_d = 0,19

Bild 49: Verteilung der örtlichen Spannungen (links) und Formänderungen (rechts) in einer DIN-Zugprobe (FEM - Rechnung, 1/4 Probe dargestellt).

Nun wurde das zylindrische Mittelstück auf das Verhältnis L_0 = 0,5 d_0 verkürzt. Bild 50 zeigt die Spannungsverteilung nach einer Probenlängung von 1,6mm, was einem Umformgrad φ_d=0,28 entspricht. Zu erkennen ist, daß die Verteilung der Spannungen nicht mehr homogen über dem Querschnitt ist. Im engsten Probenquerschnitt beträgt der Homogenitätsgrad $HO_{\sigma y}$ = 0,66 . Bei der dazu gehörenden Formänderungsverteilung erkennt man in etwa die gleiche Inhomogenität (HO_φ=0,59). Es wird nun auch verständlich, warum die Längenmessung bei den kurzen bzw. gekerbten Proben keine guten Ergebnisse liefert. Durch ein Meßraster wird auf der Probenoberfläche ein Umformgrad φ=0,21 gemessen. Im Probenkern liegt jedoch (im engsten Probenquerschnitt) der Umformgrad in Längsrichtung bei φ=0,36. Aus der Durchmessermessung ergibt sich ein Umformgrad φ_d=0,28 , denn diese liefert den integralen Mittelwert der Umformgrade über dem Probenquerschnitt.

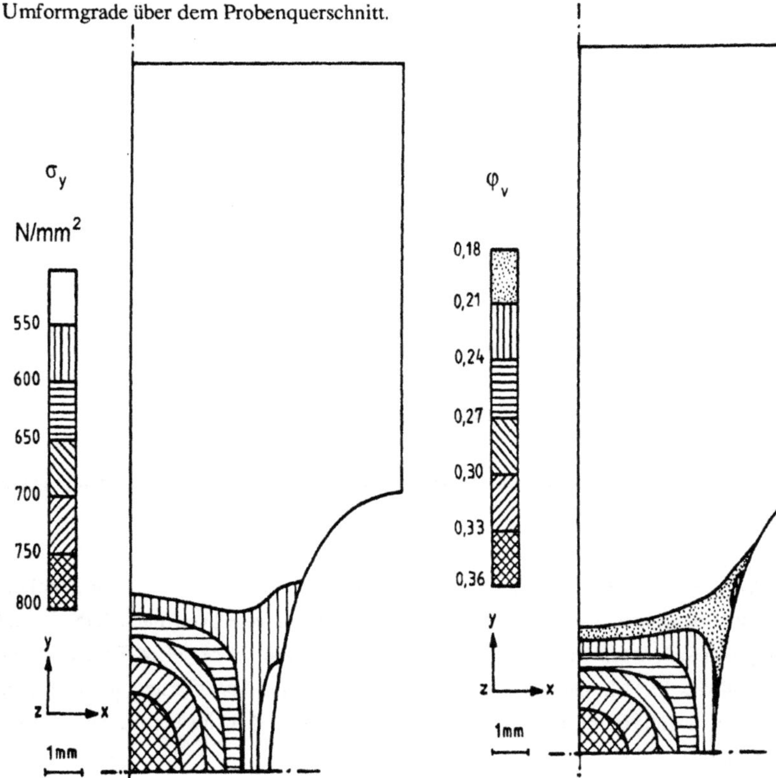

D = 15 mm R = 2,5 mm $L_c = L_0$ = 5 mm

ΔL = 1,6 mm d_{min} = 8,7 mm φ_d = 0,28

Bild 50: Verteilung der örtlichen Spannungen (links) und Formänderungen (rechts) in einer kurzen Zugprobe (FEM - Rechnung, 1/4 Probe dargestellt).

Bild 51 zeigt die Veränderung der Probenkontur während des Zugversuches. Dargestellt wurde die Kontur im unbelasteten Zustand (a) und nach einer Längung um 2mm (b). Bei dieser Dehnung hat die Probe bereits das Kraftmaximum überschritten. Wird die tatsächliche Probenkontur nach dem Zugversuch (aufgezeichnet am Profilprojektor) mit der berechneten Kontur verglichen, so zeigt sich eine sehr gute Übereinstimmung.

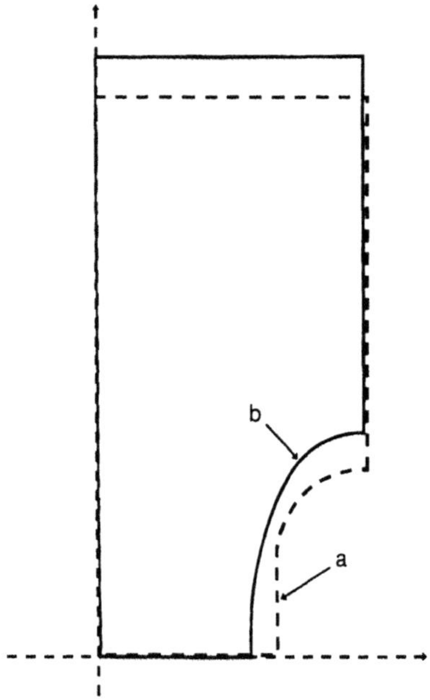

Bild 51: Kontur einer kurzen Zugprobe (1/4 Probe dargestellt) im unbelasteten Zustand (**a**) und nach dem Kraftmaximum (**b**).

Beim Vergleich der FEM-Bilder mit den Ergebnissen der Härtemessung zeigt sich eine ähnliche Tendenz. Wird die gemessene Vickershärte in Spannungen umgerechnet (nach DIN 50 150 [72]), so ergeben sich Werte in der gleichen Größenordnung wie bei den FEM-Berechnungen. Dies zeigt, daß das FEM-Programm den Versuch gut beschreibt. Somit bestehen die Voraussetzungen, die Probenform mit Hilfe der FEM so zu optimieren, daß eine homogenere Umformung gewährleistet wird.

Da sich beim Vergleich der Versuchsdaten mit den mit EPDAN errechneten Werten eine gute Übereinstimmung zeigte, wurde im folgenden das FEM-Programm EPDAN verwendet, um Aussagen über die Spannungs- und Formänderungsverteilung in der Probe und den Mehrachsigkeitsgrad zu machen. Dabei zeigte sich, daß man mit der FEM-Methode schneller genaue wie auch zusätzliche (durch Messungen nicht zugängliche) Informationen erhält, als bei einer zu großen Zahl von Versuchen, sofern die Randbedingungen eindeutig und korrekt definiert sind.

Nun wurden die geometrischen Parameter der Probe wie zylindrische Länge (L_c) des Mittelteils und Kerbradius (R) variiert und ihre Auswirkungen untersucht. Im folgenden sind beispielhaft einige Ergebnisse dargestellt.

In Bild 52 ist die Verteilung der örtlichen Formänderungen über dem kleinsten Probenquerschnitt für die eingeschnürte DIN-Probe sowie für eine kurze und eine gekerbte Probe zu sehen. Im dargestellten Fall ergab die Durchmessermessung für alle Proben in etwa den gleichen Umformgrad φ_d=0,5. Dies ist der integrale Mittelwert der örtlichen Formänderungen über dem engsten Probenquerschnitt. Ersichtlich tritt bei der kurzen Probe der größte Unterschied zwischen der Formänderung im Probenkern und an der Oberfläche auf. Für die gekerbte Probe ist bei diesem Umformgrad die Homogenität am besten.

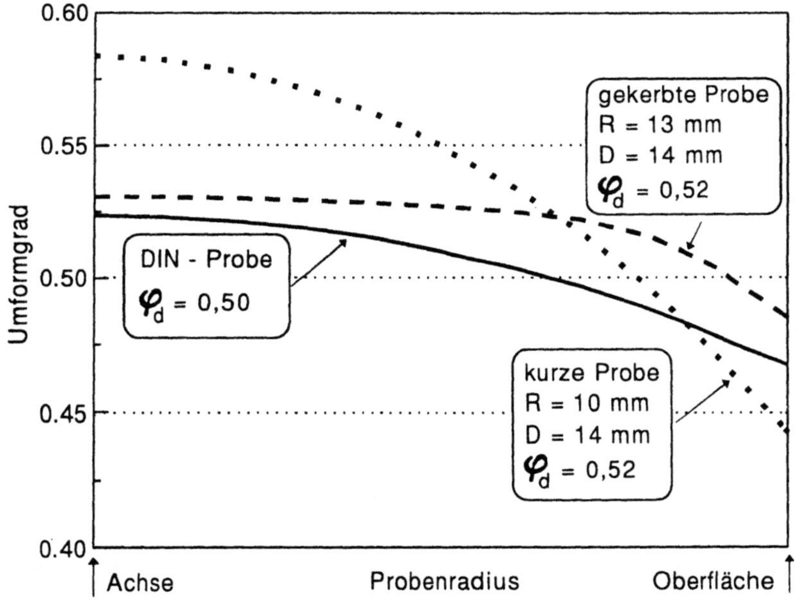

Bild 52: Verteilung der Formänderungen über dem kleinsten Querschnitt in Zugproben unterschiedlicher Geometrie bei in etwa gleichem Umformgrad φ_d.

Der Verlauf des Homogenitätsgrades der Formänderung HO_φ als Funktion des Umformgrades (Bild 53) zeigt die Steigerung der Homogenität mit wachsendem Konturradius. Vor allem bei der gekerbten Probe ist der Einfluß des Kerbradius deutlich zu erkennen: von total inhomogener Verteilung der Formänderungen bei R=2,5mm wird die Homogenität für R=13mm nicht nur viel größer, sondern sogar besser als die der Probe mit dem zylindrischen Mittelstück und gleichem Übergangsradius.

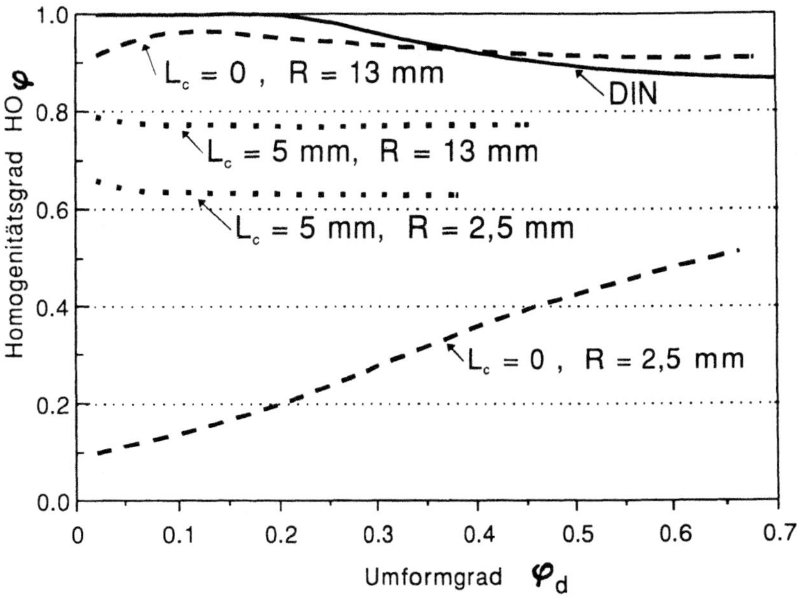

Bild 53: Homogenitätsgrad der Formänderungsverteilung für verschiedene Probengeometrien.

In den folgenden Bildern 54 - 56 sind die Spannungsverteilungen in den drei Zugproben unterschiedlicher Geometrie (DIN-Probe, kurze und gekerbte Probe) bei dem Umformgrad φ_d=0,5 im engsten Probenquerschnitt dargestellt. Zu sehen sind die Normalspannungen in x,y,z-Richtung (σ_x, σ_y, σ_z), sowie die Vergleichsspannung σ_v nach v. Mises. Außerdem wurde noch der Wert des Umformwiderstandes k_w, der sich während des Versuches ergeben würde ($k_w = F/\pi r^2$), eingetragen.

Bis φ=0,2 herrscht in der DIN-Probe ein homogener, einachsiger Spannungszustand, während sowohl in der gekerbten als auch in der kurzen Probe bereits ein inhomogener Spannungszustand gegeben ist. Diese Inhomogenität wird mit steigendem Umformgrad immer größer. Bei φ=0,5 ist auch in der DIN-Probe ein deutlich inhomogener Spannungszustand zu erkennen (Bild 54), da die Probe bei φ=0,2 beginnt einzuschnüren. Bei der kurzen Probe (Bild 55) ist die Inhomogenität der Spannungsverteilung noch größer als bei der DIN-Probe. Für alle dargestellten Spannungen (σ_x, σ_y, σ_z, σ_v) sind die Unterschiede zwischen Probenkern und Probenoberfläche größer als bei der DIN-Probe. Noch größer sind die Unterschiede zwischen Kern und Oberfläche bei den Normalspannungen σ_x, σ_y, σ_z in der gekerbten Probe (Bild 56): sie betragen bis zu 300 N/mm^2. Gleichzeitig werden jedoch bei der gekerbten Probe die geringsten Unterschiede zwischen Probenkern und -oberfläche für die Vergleichsspannung σ_v bemerkt. Dieses stimmt mit der Verteilung der örtlichen Formänderungen überein, wo auch bei der gekerbten Probe die Homogenität am besten war (siehe Bild 52). Dies bedeutet, daß eine inhomogene Spannungsverteilung nicht unbedingt eine inhomogene Formänderungsverteilung zur Folge haben muß.

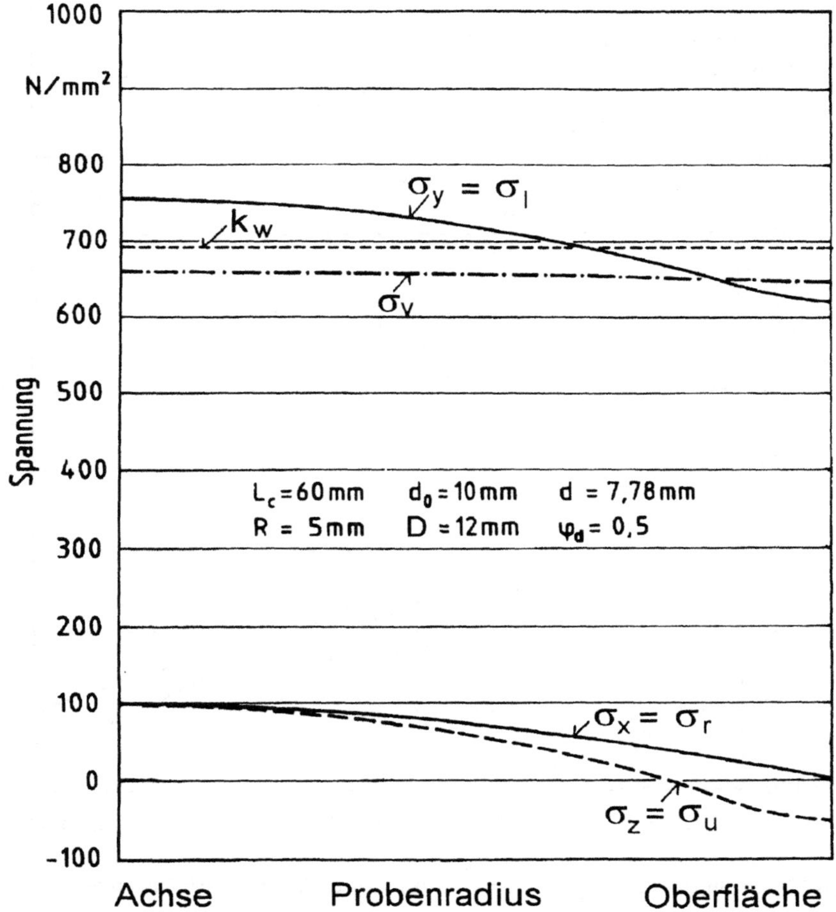

Bild 54: Spannungsverteilung über dem kleinsten Querschnitt einer DIN-Zugprobe.

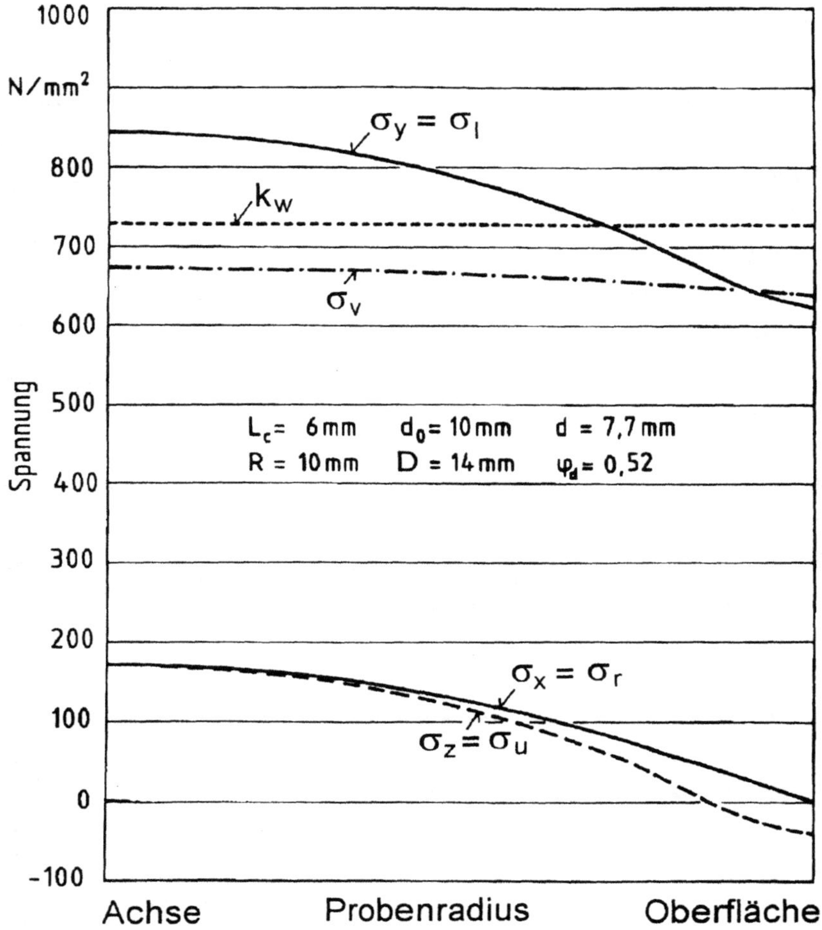

Bild 55: Spannungsverteilung über dem kleinsten Querschnitt einer kurzen Zugprobe.

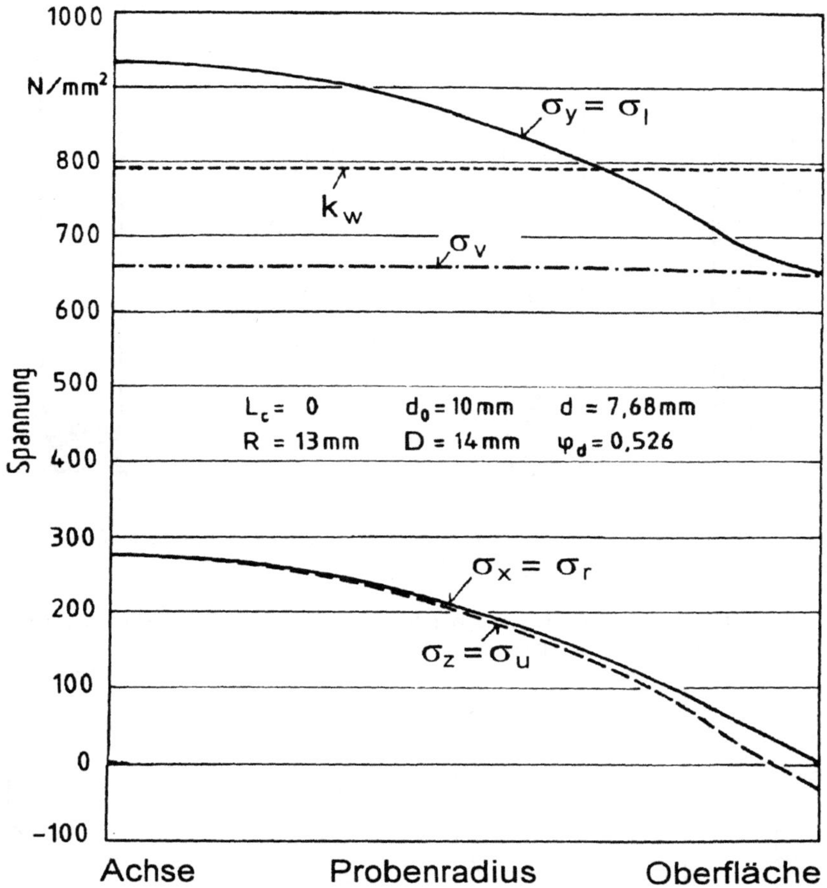

Bild 56: Spannungsverteilung über dem kleinsten Querschnitt einer gekerbten Zugprobe.

In den Bildern 57 - 60 wird die Verteilung der örtlichen Formänderungen und Spannungen in den Zugproben unterschiedlicher Geometrie gezeigt. Bei der DIN-Probe (dargestellt ist ein Viertel der Probe) ist für einen Umformgrad von $\varphi=0,5$ die bereits erwähnte Inhomogenität sowohl bei der Spannungs- als auch bei der Formänderungsverteilung (Bild 57) zu erkennen. Bild 58 zeigt eine kurze Probe bei einem Umformgrad von ebenfalls $\varphi=0,5$. Das zylindrische Mittelstück ist 6mm lang (1/10 der DIN-Probe), der Übergangsradius beträgt 10mm. Man erkennt eine größere Inhomogenität als bei der DIN-Probe. In Bild 59 und 60 ist eine gekerbte Zugprobe mit Kerbradius 13mm dargestellt. Man erkennt, wie bereits erwähnt, daß die Verteilung der Axialspannung σ_y recht inhomogen (Bild 59), die Formänderungsverteilung dagegen recht homogen ist (Bild 60).

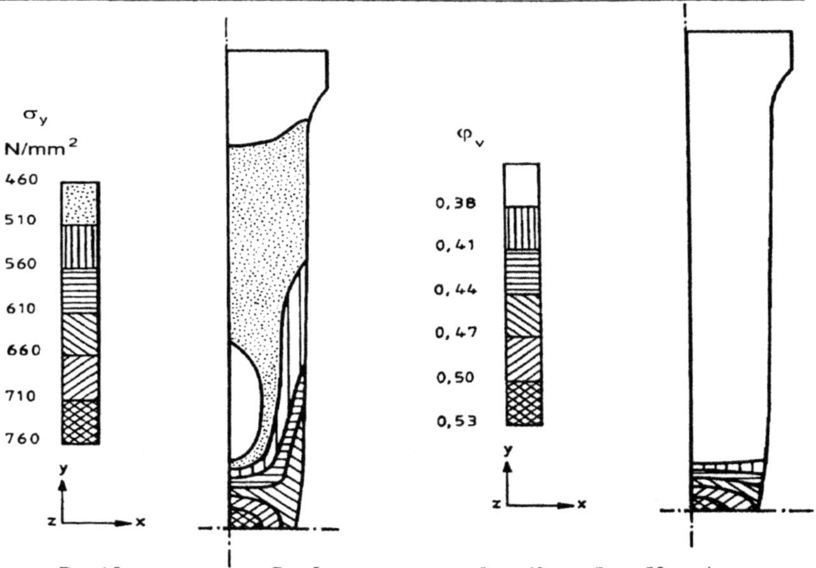

D = 12 mm R = 5 mm L_c = 60 mm (L_0 = 50 mm)
ΔL = 16 mm d_{min} = 7,78 mm φ_d = 0,5

Bild 57: Verteilung der örtlichen Spannungen (links) und Formänderungen (rechts) in einer DIN-Zugprobe (FEM - Rechnung, 1/4 Probe dargestellt).

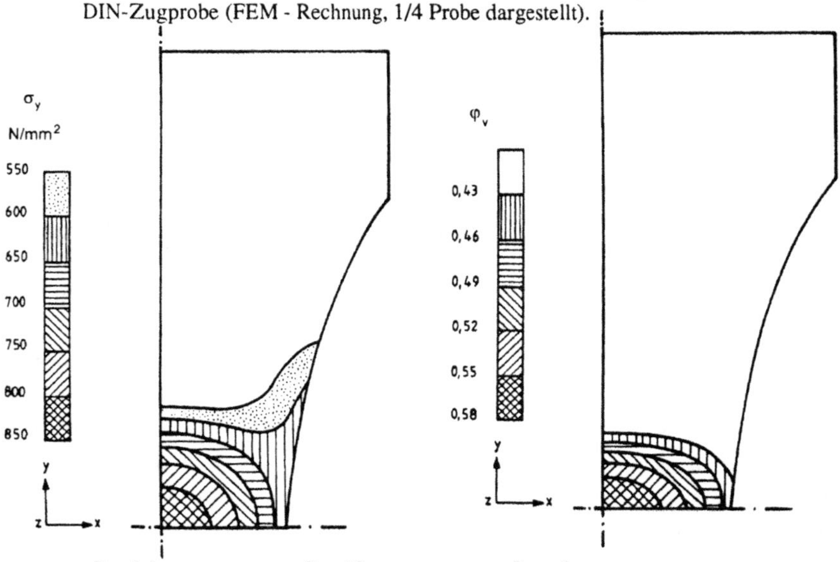

D = 14 mm R = 10 mm L_c = 6 mm
ΔL = 4 mm d_{min} = 7,7 mm φ_d = 0,52

Bild 58: Verteilung der örtlichen Spannungen (links) und Formänderungen (rechts) in einer kurzen Zugprobe (FEM - Rechnung, 1/4 Probe dargestellt).

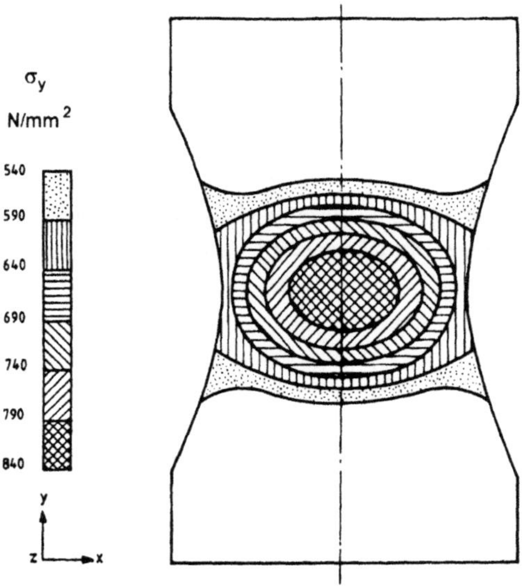

D = 12 mm R = 13 mm $L_c = 0$

$\Delta L = 3$ mm $d_{min} = 8{,}2$ mm $\varphi_d = 0{,}40$

Bild 59: Verteilung der Spannungen in einer gekerbten Zugprobe (FEM - Rechnung).

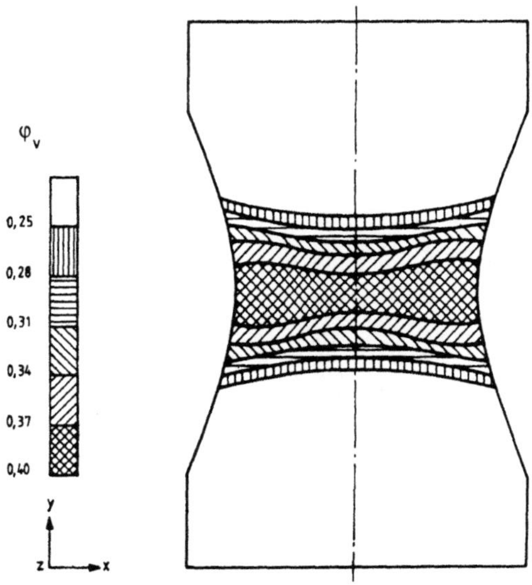

D = 12 mm R = 13 mm $L_c = 0$

$\Delta L = 3$ mm $d_{min} = 8{,}2$ mm $\varphi_d = 0{,}40$

Bild 60: Verteilung der örtlichen Formänderungen in einer gekerbten Zugprobe (FEM - Rechnung).

6.2.3 Korrekturfaktor

Der gemessene Umformwiderstand k_w ist der integrale Mittelwert der sich beim Ziehen einstellenden Axialspannung σ_y. Die Fließspannung k_f, die dem gemessenen Umformgrad φ_d entspricht, ist der integrale Mittelwert der Vergleichsspannung σ_v (siehe Bilder 54 - 56). Bildet man nun das Verhältnis des gemessenen Umformwiderstandes zur tatsächlichen Fließspannung, so erhält man den notwendigen Korrekturfaktor C_N, um aus dem Umformwiderstand die Fließspannung zu berechnen:

$$C_N = \frac{k_w}{k_f} \tag{50}$$

Für die oben gezeigten Beispiele (Bilder 54 - 56) beträgt der Korrekturfaktor bei dem Umformgrad φ=0,5 für die einzelnen Geometrien:

DIN-Probe :	C_N = 1,051
kurze Probe :	C_N = 1,108
gekerbte Probe :	C_N = 1,207

Dies bedeutet, daß für die DIN-Probe während des Versuches bei dem angegebenen Umformgrad eine gegenüber der Fließspannung um 5% zu hohe Spannung gemessen wird. Bei der kurzen Probe sind es fast 11% und bei der gekerbten fast 21%.

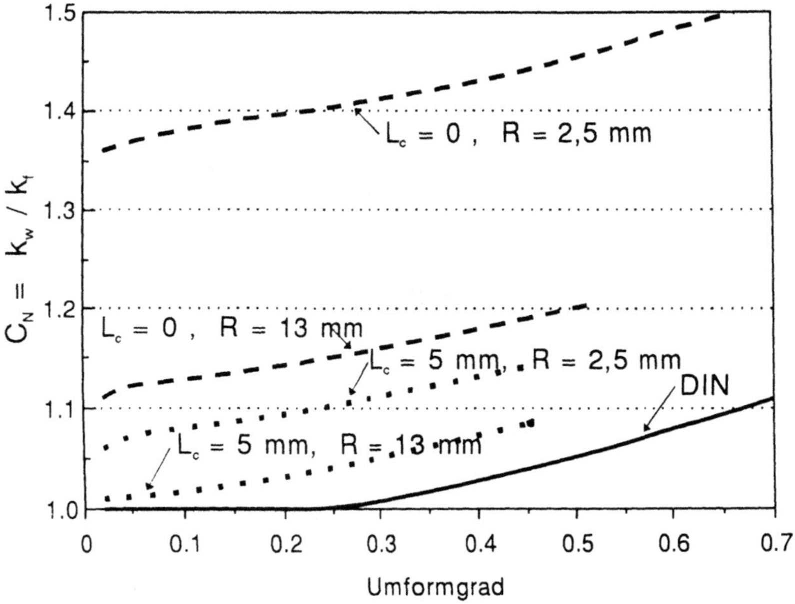

Bild 61: Unterschied zwischen Umformwiderstand und Fließspannung.

Wird das Verhältnis: gemessener Umformwiderstand/tatsächliche Fließspannung (k_w/k_f) für verschiedene Probengeometrien als Funktion des Umformgrades φ_d aufgetragen (Bild 61), so bemerkt man, daß mit steigendem Umformgrad der Unterschied zwischen k_w und k_f immer größer wird. Wird das Verhältnis k_w/k_f mit dem Korrekturfaktor nach Siebel bzw. Bridgman für die gleichen Geometrien verglichen (Bild 62), so besteht nur im Anfangsbereich eine Übereinstimmung. Mit steigendem Umformgrad nimmt der Korrekturfaktor C_B immer kleinere Werte an und der Unterschied zu C_N wird immer größer. Bei einem Umformgrad von φ=0,5 beträgt der Unterschied bereits fast 15%. Aus Bild 61 ist außerdem zu erkennen, daß eine Vergrößerung des Radius R, insbesondere bei den gekerbten Proben, einen starken Einfluß auf das Verhältnis k_w/k_f hat, und zwar nähert sich der gemessene Umformwiderstand der tatsächlichen Fließspannung mit steigendem Kerbradius R immer mehr an.

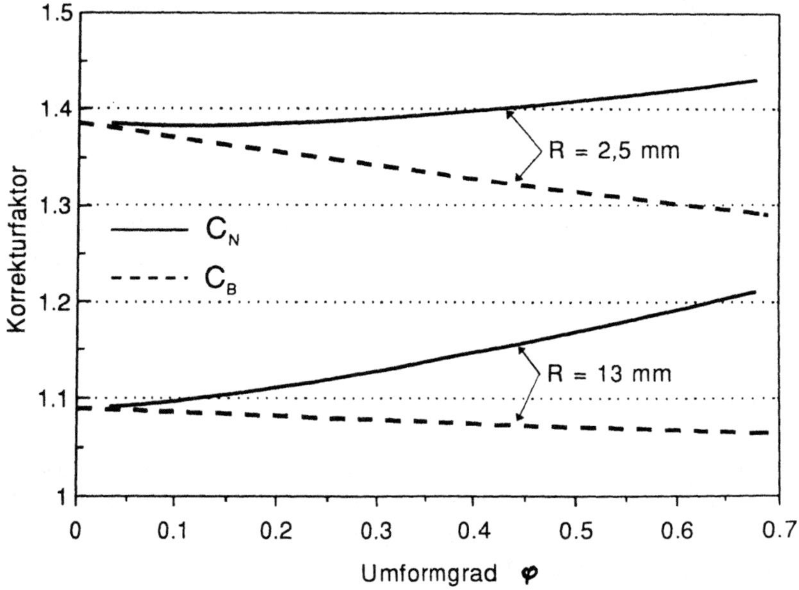

Bild 62: Unterschied zwischen dem neuen Korrekturfaktor C_N und dem Korrekturfaktor nach Bridgman C_B.

Nun wurde aus den bereits erwähnten experimentell ermittelten Werten des Umformwiderstandes k_w die Fließkurve k_{fN} mit dem neuen Korrekturfaktor C_N (aus der FEM-Rechnung ermittelt) berechnet (Bild 63). Ein Vergleich der nun erhaltenen Fließkurve mit der Fließkurve der DIN-Probe zeigt, den Anfangsbereich ausgenommen, eine sehr gute Übereinstimmung. Wird auch mit dem Korrekturfaktor nach Bridgman ausgewertet, so liegt die errechnete Fließspannung k_{fB} bei einem Umformgrad von φ=0,25 bereits um 50 N/mm^2 (das sind 8%) zu hoch, und mit steigendem Umformgrad wird der Unterschied noch größer.

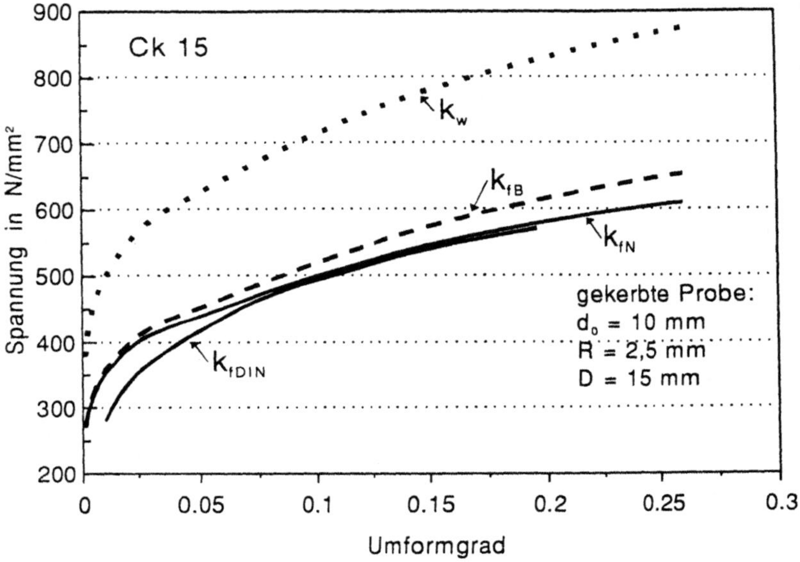

Bild 63: Ergebnisse des Zugversuches: aufgenommene Fließkurve mit der DIN-Probe; gemessener Umformwiderstand für die gekerbte Probe und daraus errechnete Fließkurve (mit neuem bzw. Bridgman-Korrekturfaktor).

6.2.4 Mehrachsigkeit

Um den Einfluß des mehrachsigen Spannungszustandes quantitativ zu erfassen, wurden Kennzahlen zur Charakterisierung der Mehrachsigkeit vorgeschlagen [73,74]. H.M. Schnadt [75] bezieht zu diesem Zweck die Vergleichsspannung σ_v nach v. Mises auf die größte Hauptspannung σ_1 und definiert als dimensionslose Maßzahl für die Mehrachsigkeit des Spannungszustandes das Plastifiziervermögen:

$$\pi = \frac{\sigma_v}{\sigma_1} \tag{51}$$

Ähnlich ist im Stahl-Eisen-Prüfblatt 1100E [38] der Mehrachsigkeitsgrad η eines Spannungszustandes definiert als:

$$\eta = \frac{\sigma_1}{\sigma_v} \tag{52}$$

Ersichtlich ist der Mehrachsigkeitsgrad der Kehrwert des "Plastifiziervermögens":

$$\eta = \frac{1}{\pi} \tag{53}$$

Kochendörfer und Mitarbeiter [76-78] benutzen als Kenngröße für den Spannungszustand die Mehrachsigkeitszahl κ, die auch im Stahl-Eisen-Prüfblatt 1100E [38] definiert ist.

$$\kappa = 1 - \frac{\sigma_v}{\sigma_1} \tag{54}$$

Ersichtlich ist, daß:

$$\kappa = 1 - \pi = 1 - \frac{1}{\eta} \tag{55}$$

In den USA wird als Maß für die Mehrachsigkeit eines Spannungszustandes häufig der "constraint-factor **c**" benutzt [73]:

$$c = \frac{\sigma_1 + \sigma_2 + \sigma_3}{3\sigma_1} = \frac{\sigma_m}{\sigma_1} \tag{56}$$

Dabei ist σ_m der hydrostatische Spannungsanteil.

Keine dieser Größen ist in der Lage, den Spannungszustand eindeutig zu kennzeichnen, denn ein bestimmter Wert von π, η, κ oder **c** kann immer durch beliebig viele Kombinationen von σ_1, σ_2 und σ_3 gewonnen werden. In [79,80] wurde gezeigt, daß diese Mehrachsigkeitszahlen mehrdeutig sind, d.h. eine Mehrachsigkeitszahl führt auf unendlich viele Spannungszustände. Bei π, η, und κ wird der hydrostatische Spannungsanteil σ_m nicht berücksichtigt, während bei **c** die Vergleichsspannung σ_v, die das plastische Fließen kennzeichnet, nicht mit einbezogen wird.

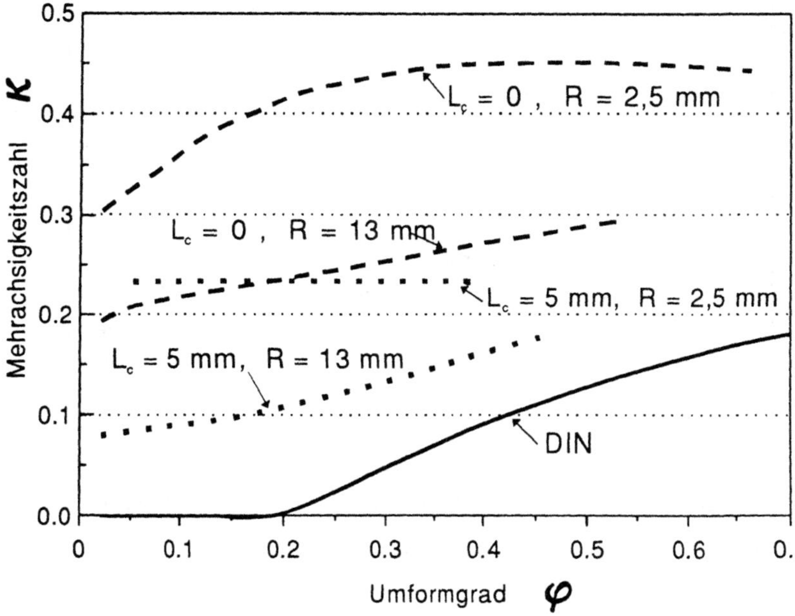

Bild 64: Mehrachsigkeitszahl in der Probenachse im engsten Querschnitt für verschiedene Probengeometrien.

Bei den eigenen Versuchen wird zur Charakterisierung der inhomogenen Spannungszustände die Mehrachsigkeitszahl κ verwendet. Für den einachsigen Spannungszustand ergibt sich κ=0, der hydrostatische Spannungszustand mit 3 gleichen Hauptspannungen ist durch κ=1 gekennzeichnet.

Bild 64 zeigt die Mehrachsigkeitszahl für verschiedene Probengeometrien und ihren Verlauf während des Versuches im engsten Querschnitt in der Probenachse. Zu erkennen ist, daß die Mehrachsigkeit mit steigendem Umformgrad größer und mit steigendem Krümmungs- bzw. Kerbradius kleiner wird. Als Betrachtungsort wurde die Probenachse gewählt, da dort die Mehrachsigkeit am größten ist; gegen die Oberfläche hin fällt sie ab.

Beispielhaft ist in Bild 65 der Verlauf der Mehrachsigkeitszahl im engsten Querschnitt über dem Probenradius für zwei gekerbte Proben aufgetragen, die beide bis zum gleichen Umformgrad φ_d=0,28 gedehnt wurden. Es zeigt sich ein tendenziell ähnlicher Verlauf mit dem Maximum in der Probenachse und dem Minimum an der Probenoberfläche und ein großer Einfluß des Kerbradius.

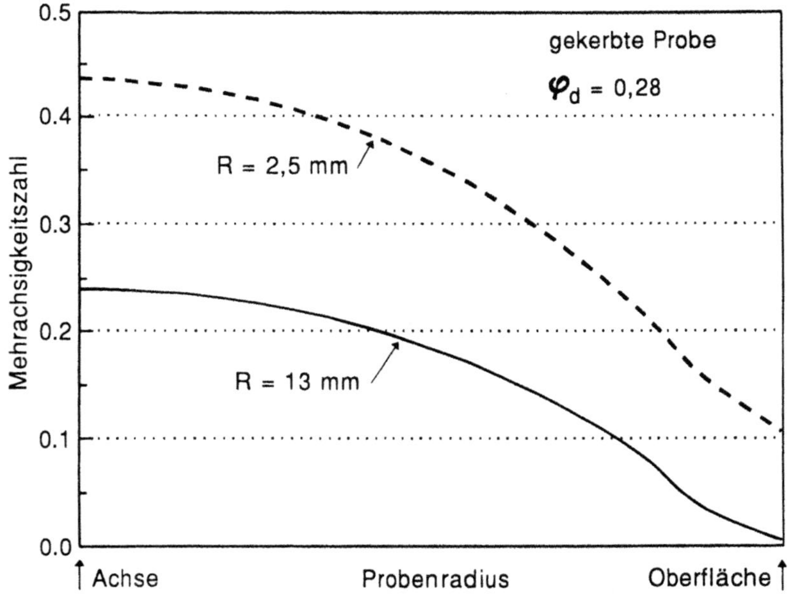

Bild 65: Verlauf der Mehrachsigkeitszahl im engsten Probenquerschnitt.

6.2.5 Umformgeschwindigkeit

Durch die Veränderung der Geometrie (kurze bzw. gekerbte Proben) konnte die Umformgeschwindigkeit in der Umformzone durchschnittlich um den Faktor 10 (zwischen 7 und 12, in Abhängigkeit von der Geometrie) gegenüber der mittleren Umformgeschwindigkeit in der DIN-Probe vor dem Beginn der Einschnürung gesteigert werden (Bild 66). Auch mit den gekerbten Proben ist keine weitere Steigerung auf höhere Umformgeschwindigkeiten möglich, da sich während des Versuches eine plastische Zone endlicher Länge bildet, in welcher eine endliche Umformgeschwindigkeit herrscht.

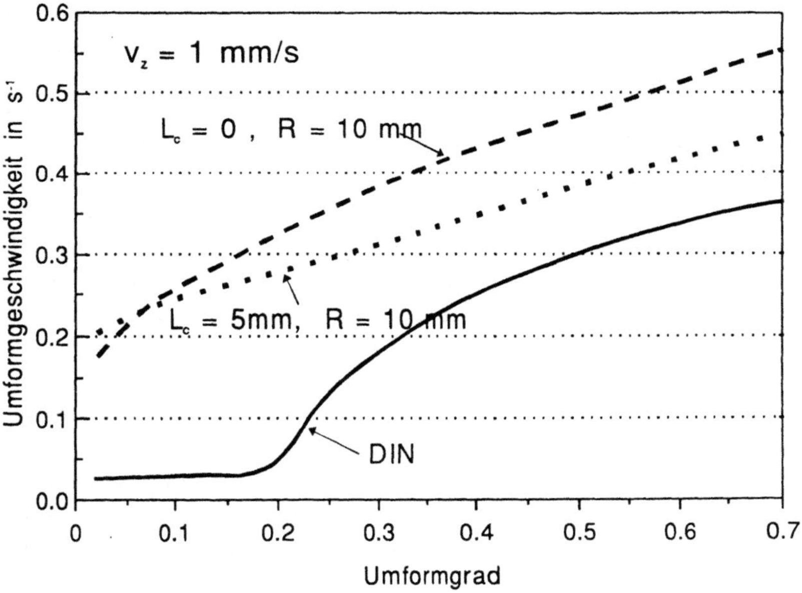

Bild 66: Veränderung der Umformgeschwindigkeit im engsten Querschnitt als Funktion des Umformgrades bei unterschiedlichen Probengeometrien.

6.3 Vergleich der Probentypen: DIN - kurz - gekerbt

Im folgenden werden die Vor- und Nachteile der einzelnen Geometrien, wie sie sich aus den bisherigen Versuchen und Rechnungen ergeben haben, gegenübergestellt.

1. Die *DIN-Probe* eignet sich sehr gut zur genauen Bestimmung der Fließgrenze und zur Aufnahme der Fließkurve bis zur Gleichmaßdehnung. Für höhere Umformgrade ist sie nicht so gut geeignet, da sich ein unkontrolliertes Einschnüren einstellt. Dabei ist es erstens schwierig, von vornherein den Ort der Einschnürung zu bestimmen (dies ist selten die Probenmitte), und zweitens muß wegen des sich nun einstellenden mehrachsigen Spannungszustandes ein Korrekturfaktor ermittelt werden, um den gemessenen Umformwiderstand auf die Fließspannung umzurechnen. Dazu benötigt man den augenblicklichen Probenradius wie auch den Konturradius. Beide ändern sich kontinuierlich während des Versuchs. Der Konturradius ändert sich während des Einschnürens kontinuierlich von sehr hohen Werten (theoretisch unendlich vor Beginn der Einschnürung) bis zu sehr niedrigen (bei höheren Umformgraden). Dies bedeutet, daß zu einer kontinuierlichen Versuchsdurchführung einmal eine aufwendige und komplizierte Meßvorrichtung vorhanden sein muß. Außerdem muß die Meßvorrichtung sich an der zufälligen Stelle befinden, wo das Einschnüren beginnt. Wird eine mechanische Abtastvorrichtung verwendet, so kann der Versuch nur sehr langsam durchgeführt werden. Bei einer optischen Vorrichtung ist eine aufwendige Auswertung der Daten erforderlich.

2. Der einzige Vorteil der *kurzen Probe* ist, daß der Unterschied zwischen Umformwiderstand und Fließspannung kleiner als bei der gekerbten Probe ist. Ansonsten erwies sich die kurze Probe als noch ungünstiger wie die DIN-Probe, da sie neben deren Nachteilen noch zusätzlich einen wichtigen Einflußparameter auf die Mehrachsigkeit aufweist, und zwar die Länge des zylindrischen Mittelteils der Probe L_c. Dies macht die Berechnung des notwendigen Korrekturfaktors noch komplizierter. Außerdem ist der Homogenitätsgrad der Formänderung sowohl schlechter als bei der DIN-Probe als auch bei der gekerbten Probe.

3. Die *gekerbte Probe* hat den Nachteil der Mehrachsigkeit des Spannungszustandes und der dadurch bedingten Differenz zwischen gemessenem Umformwiderstand und tatsächlicher Fließspannung von Versuchsbeginn an. Die Spannungsverteilung ist, bedingt durch die Querspannungen, recht inhomogen. Durch eine geeignete Wahl der Probengeometrie kann aber eine recht homogene Formänderungsverteilung über dem Probenquerschnitt erreicht werden, die fast unabhängig vom Umformgrad ist und bis zu hohen Umformgraden erhalten bleibt. Die Folge davon ist, daß der Homogenitätsgrad HO_{φ} der gekerbten Probe ab einem gewissen Umformgrad besser wird als der abnehmende Homogenitätsgrad der eingeschnürten DIN-Probe. Von Vorteil ist auch, daß von Versuchsbeginn an die Umformzone mit dem kleinsten Probenquerschnitt klar definiert ist und ein kontrolliertes Einschnüren stattfindet.

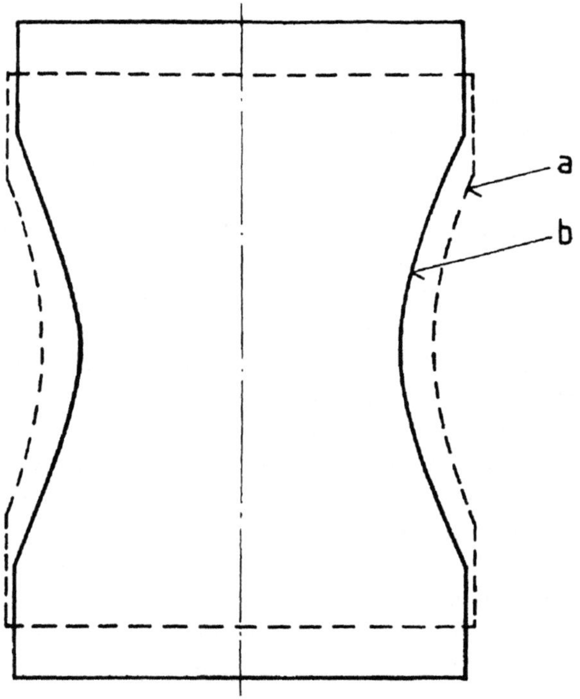

Bild 67: Veränderung der Kontur beim Ziehen einer gekerbten Zugprobe: Ausgangzustand (**a**) und nach 3mm Probenlängung (φ_d=0,40) (**b**)

In Bild 67 ist die Geometrie einer gekerbten Probe im Ausgangszustand und nach dem Ziehen dargestellt. Es hat sich gezeigt, daß bei der Wahl eines geeigneten Kerbradius dieser bis zu recht hohen Umformgraden annähernd konstant bleibt bzw. sich nur wenig ändert, so daß dies fast keine Auswirkung auf den Korrekturfaktor hat (kleiner 1% bei φ=0,7); daher kann mit der Annahme R=const. gearbeitet werden. Dies bedeutet, daß nur der momentane Probendurchmesser gemessen werden muß, d.h. eine einfachere Meßvorrichtung ist notwendig, was sich auch auf die Genauigkeit positiv auswirkt und die Versuchsdurchführung sehr erleichtert (die Fehlergefahr ist geringer). Auch die Auswertung der Meßdaten ist in diesem Fall viel einfacher. Ebenfalls von Vorteil ist, daß bei der gekerbten Probe mit der gleichen Auswertemethode von Versuchsbeginn bis -ende gearbeitet werden kann. Vor allem können recht hohe Umformgrade erzielt werden bei recht guter Homogenität der Formänderungsverteilung über dem Probenquerschnitt.

Bei der gekerbten Probe ist der Kerbradius die wichtigste Einflußgröße auf den Unterschied zwischen gemessenem Umformwiderstand und tatsächlicher Fließspannung. Außerdem wird der Korrekturfaktor noch vom Umformgrad sowie vom Kopfdurchmesser der Probe (der Kerbtiefe) und dem Werkstoff bestimmt. Darauf wird später eingegangen (siehe Abschnitt 7.3).

6.4 Vorläufige Schlußfolgerung

Als Ergebnis der bisher durchgeführten Untersuchungen können für die Anwender folgende Empfehlungen ausgesprochen werden:

- Wenn die Fließkurve aus dem Zugversuch nur bei kleinen Umformgraden benötigt wird, sollte mit der DIN-Probengeometrie gearbeitet werden.
- Wird jedoch die Fließkurve bis zu höheren Umformgraden benötigt, so sollten die Versuche mit gekerbten Proben - mit entsprechend großem Kerbradius - durchgeführt werden. Der Kerbradius sollte nach den bisherigen Ergebnissen zwischen R=10mm und R=15mm bei einem Probendurchmesser von d_0=10mm liegen. Bei kleineren Werten wird die Kerbwirkung stärker, bei größeren Radien hat die Probe in der Mitte ein annähernd zylindrisches Teil und verhält sich ähnlich der Probe mit dem kurzen zylindrischen Mittelteil.
- Wenn die Abmessungen eines Bauteils, dessen mechanische Eigenschaften überprüft werden sollen, es nicht erlauben, DIN-Zugproben herzustellen, sollten ebenfalls keine gekürzten Proben, sondern gekerbte Proben verwendet werden (Ausnahme: es soll nur die Streckgrenze des Werkstoffes bestimmt werden).
- Die gekerbte Probe kann auch eingesetzt werden, wenn der Geschwindigkeitsbereich des Zugversuches auf herkömmlichen Prüfmaschinen erweitert werden soll. Allerdings ist zu beachten, daß damit nur eine etwa 10-fache Steigerung der Geschwindigkeit möglich ist und man somit noch immer ein Stück weit von den realen Umformgeschwindigkeiten der Massivumformung entfernt ist.

7 Versuche an gekerbten Proben

7.1 Korrekturfaktor für gekerbte Proben

Nach den Aussagen über die DIN-, kurzen und gekerbten Proben in Abschnitt 6.3 soll nun verstärktes Augenmerk auf die gekerbten Proben gerichtet werden. Diese Probenform wurde näher untersucht und die Geometrie weiter optimiert. Dabei wurden sowohl FEM-Rechnungen als auch Versuche durchgeführt. Die Kerbwirkung und der notwendige Korrekturfaktor wurden weiter untersucht, da sich gezeigt hatte, daß die Formel von Siebel bzw. Bridgman nicht alle Einflußgrößen erfasst, sondern nur den Kerbradius berücksichtigt. Bei der Auswertung der Versuche wurde jedoch festgestellt, daß der Kerbradius nicht der einzige Einflußparameter auf den notwendigen Korrekturfaktor ist.

In [93] wird erwähnt, daß die Auswertung von Versuchen mit dem Korrekturfaktor nach Bridgman C_B nur bei einigen Stahlsorten gute Ergebnisse liefert, während bei anderen Werkstoffen, z.B. Kupfer, beträchtliche Unterschiede zwischen errechneter und tatsächlicher Fließkurve bestehen. Dies deutet bereits darauf hin, daß der notwendige Korrekturfaktor nicht nur vom Kerbradius, sondern auch vom Werkstoff abhängen muß.

Bridgman legt der Herleitung seiner Formel eine homogene Formänderungsverteilung zugrunde. Dies ist, wie gezeigt (Härtemessungen, FEM), in Wirklichkeit jedoch nicht der Fall. Des weiteren wird die Kerbtiefe nicht berücksichtigt. Es hat sich bei den Versuchen gezeigt, daß die Größe des Kopfdurchmessers D der Probe einen Einfluß auf die Größe der Umformzone, die Probenkontur nach dem Ziehen und den notwendigen Korrekturfaktor hat.

Durch Variation der Probengeometrie (D, R) sowie des Werkstoffes (über den Verfestigungsexponent "n") wurden diese Einflüsse systematisch untersucht. Aufgrund der Ergebnisse können Aussagen über den Einfluß der einzelnen Parameter gemacht werden.

7.2 Vorrichtung zur Durchmessermessung

Aus den Gleichungen für die bisher verwendeten Korrekturfaktoren (Siebel, Bridgman) wird deutlich, daß die Kenntnis der Kerbziffer d/2R entscheidend für die Ermittlung der Fließspannung ist.

Zur Erfassung von Einschnür- und Krümmungsradius sind direkte Messungen an der Probe erforderlich. Hier kommen bisher die folgenden Verfahren zur Anwendung:

I - Fotographieren der Einschnürzone. Vergrößerung der Aufnahme und Übertragung der Kontur auf Millimeter-Papier [40].

II - Abtasten der Probenmantelfläche mit kombinierter Aufzeichnung des Profils [9, 85, 86].

III - Unmittelbares Vermessen der Einschnürung mit Radienschablonen und Meßschiebern oder Meßschrauben.

IV - Bestimmung der Geometrie am Profilprojektor.

V - Optische Aufzeichnung der Probenkontur [87, 91, 92].

Bei den ersten beiden Verfahren und dem Verfahren V werden aus einer genügend großen Anzahl von Punkten der Taillenkontur ausgehend von bestimmten Ansätzen Näherungsfunktionen gewonnen, die den lokalen eingeschnürten Durchmesser d über der Probenlängskoordinate beschreiben. Der Krümmungsradius R läßt sich dann daraus errechnen.

Ein breiterer Einsatz der angeführten Methoden scheitert bisher an dem großen Aufwand (Verfahren I, II, IV und V) und der eingeschränkten Anwendbarkeit, z.B.:

* Für die Verfahren II - IV muß der Versuch zur Probenabtastung oder -vermessung unterbrochen werden, wodurch sich komplizierte Geschwindigkeitsverhältnisse im Einschnürbereich ergeben (stoßfreies Anfahren am jeweiligen Fließbeginn; Beschleunigen der Zugeinrichtung auf die maximal mögliche Geschwindigkeit; Abbremsen bis zum Stillstand).
* Beim Verfahren III muß das Profil im Maßstab 1:1 vom Probenkörper erfaßt werden, weshalb die beiden Größen R und d mit beträchtlichen Meßfehlern behaftet sind.
* Für die optischen Verfahren (V) sind teure und aufwendige Meßvorrichtungen erforderlich. Bedingt durch die Anstrahlung der Probe und die Aufzeichnung der Schattenprojektion mit Hilfe von Photozellen ist des weiteren die Frage nach der Genauigkeit, Empfindlichkeit und Anfälligkeit der Vorrichtung zu stellen. Auch die Auswertung der aufgezeichneten Meßdaten ist recht kompliziert.

Aufgrund der durchgeführten Versuche und FEM-Rechnungen und der daraus resultierenden Erkenntnisse (Abschnitt 6.3 und 6.4) wurde eine Vorrichtung zur kontinuierlichen Messung des Probendurchmessers während des Versuchs konstruiert und gebaut. Die Vorrichtung wurde hauptsächlich für die Versuche mit gekerbten Proben entwickelt, kann aber auch zur Messung der Durchmesseränderung sowohl bei der DIN-Probe als auch bei der kurzen Probe eingesetzt werden.

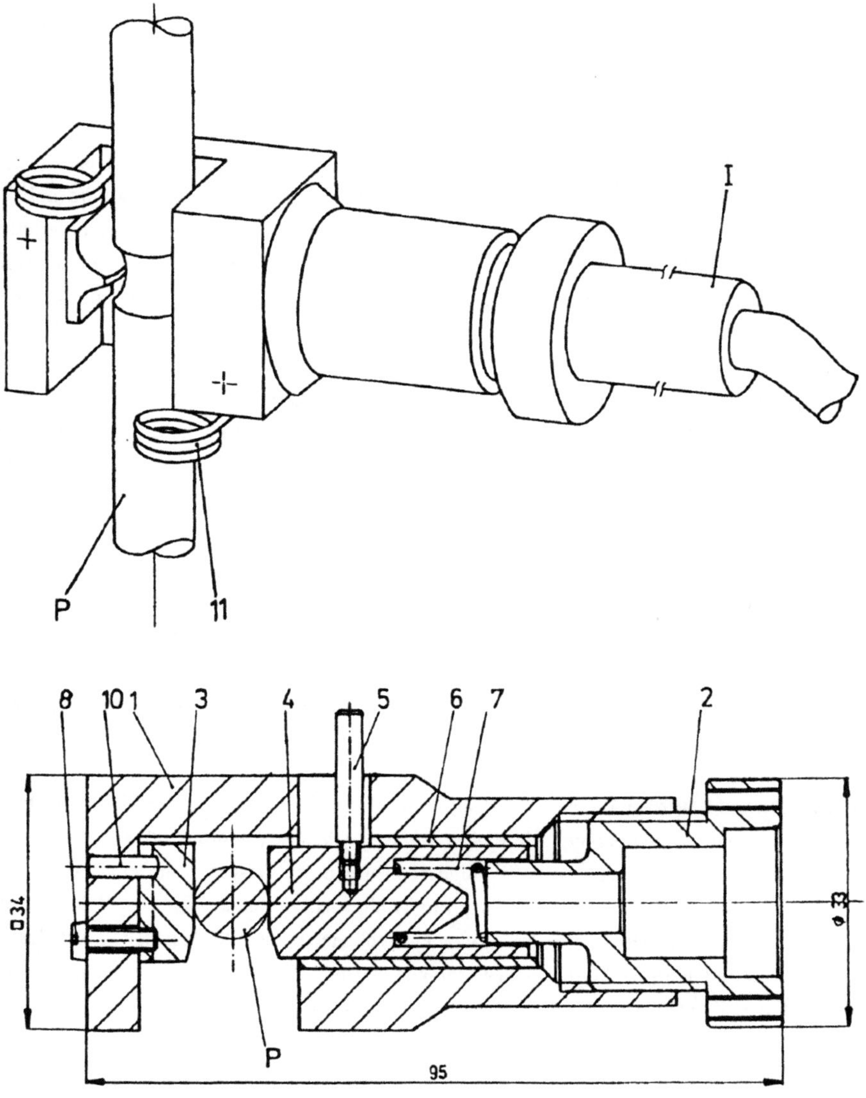

Bild 68: Vorrichtung zur Durchmessermessung.

Die Vorrichtung setzt sich zusammen aus dem eigentlichen Querdehnungsmesser (QDM) und einem induktiven Wegaufnehmer.

Der QDM arbeitet prinzipiell wie ein sich selbst an der Probe fixierender Meßschieber (Bild 68). Zur Durchführung der Messung während eines Versuches wird der QDM auf die Probe aufgeschoben. Dabei legen sich die vorne abgerundeten Meßschneiden (3) und der bewegliche Meßkolben (4) an die Probe an. Die Anpassung wird durch eine zylindrische Druckfeder (7) gewährleistet.

Bei einer Durchmesseränderung (Rotationssymmetrie vorausgesetzt) vollzieht der Meßkolben (4) die Verformung nach, indem er in der Bronzebuchse (6) gleitet. Diese Bewegung wird auf den Taster des induktiven Aufnehmers (I) übertragen. Der Aufnehmer (I) bildet mit dem integrierten Meßverstärker ein Meßsystem. Dieses meldet die Signale aus der Querschnittsmessung an Meßkarte und Rechner. Der Aufnehmer (I) wird in die Stellschraube (2) eingeschoben und über den Flansch fixiert.

Zum Aufsetzen des QDM auf die Probe (P) wird der Meßkolben (4) mit dem Anschlag (5) zurückgeschoben. Die Klemmung des QDM an der Probe erfolgt im Meßpunkt. Die zylindrische Druckfeder, deren Vorspannung über die Stellschraube (2) eingestellt werden kann, sichert den Reibschluß zwischen Meßschneide (3), Probe (P) und Meßkolben (4). Die Probenverlängerung während des Versuchs verursacht deshalb keine Änderung des Meßpunktes.

Der QDM wird durch die beiden speziell bemessenen und ausgeformten Schenkelfedern (11) in der Horizontalen gehalten. Sie stützen den QDM an der Probe ab. Der Meßweg wird durch den Anschlag (5) begrenzt. Ein Zusammenfahren der Meßschneiden bei Probenbruch wird dadurch ausgeschlossen. Die Schenkelfedern (11) gewährleisten auch bei Probenbruch die Befestigung an der Probe und verhindern eine Beschädigung der Vorrichtung.

Die Zugversuche werden auf einer handelsüblichen Zugprüfmaschine (Typ RKM 100 der Firma Roell + Korthaus) durchgeführt. Die Proben werden hydraulisch gespannt. Anschließend wird der Querdehnungsmesser auf die Probe aufgeschoben und der Versuch gestartet (Bild 69). Die Meßsignale von der Kraftmeßdose der Zugprüfmaschine und dem induktiven Wegaufnehmer des QDM gelangen über Meßwertverstärker zu einer Meßkarte in einem Rechner (PC). Aus den gewonnenen Meßdaten (Zugkraft, Durchmesseränderung und Zeit) wird über Rechenprogramme der Umformwiderstand k_w, der Umformgrad φ_d und die Umformgeschwindigkeit $\dot{\varphi}$ berechnet.

Um aus diesen Daten die Fließkurve zu erhalten, wird der Umformwiderstand k_w mittels eines Korrekturfaktors auf die Fließspannung k_f umgerechnet. Es hat sich gezeigt, daß ein neuer Korrekturfaktor C_N notwendig ist um eine gute Genauigkeit der Ergebnisse zu gewährleisten. Dieser wurde hergeleitet (Abschnitt 7.4) und mit Hilfe der neuen Vorrichtung überprüft (Abschnitt 7.5).

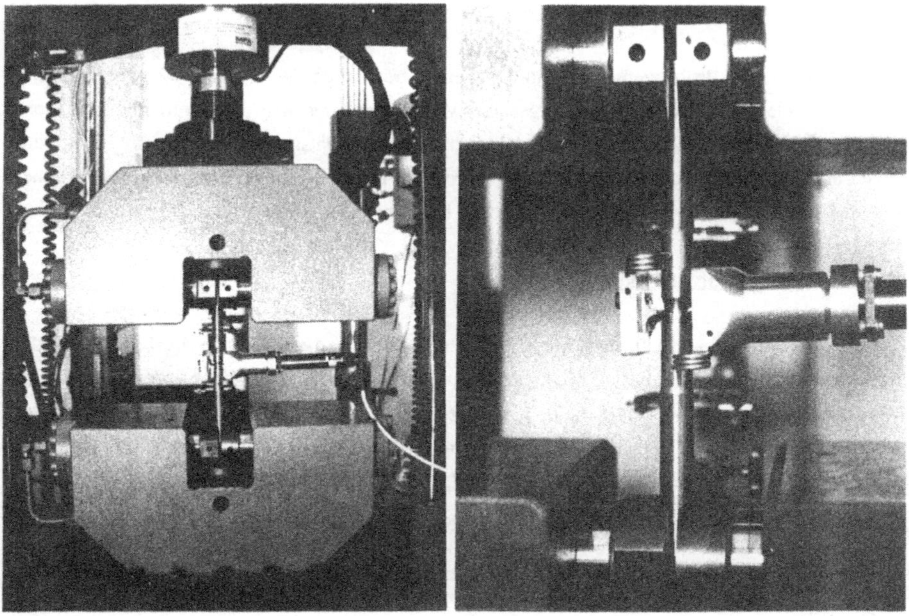

Bild 69: Eingebaute Vorrichtung zur Durchmessermessung beim Zugversuch.

7.3 Einflußparameter

Die Einflüsse der Probengeometrie und des Werkstoffes auf das Verhältnis k_w/k_f wurden systematisch untersucht. Die einzelnen Ergebnisse werden im folgenden dargestellt und diskutiert. Dabei wird folgende Annahme getroffen: liegt der Homogenitätsgrad im Bereich 0,9 - 1 so wird von einer quasi-homogenen Umformung gesprochen. Ist der Homogenitätsgrad jedoch kleiner als 0,9 , so wird die Umformung als inhomogen bezeichnet.

7.3.1 Probenkopfdurchmesser

Als erstes wurde an den Proben der Kopfdurchmesser D variiert (d.h. die Kerbtiefe) und die Auswirkung untersucht. Betrachtet wird eine gekerbte Probe mit d_0=10mm, dem Kerbradius R=13mm aus einem Werkstoff mit dem Verfestigungsexponenten n=0,2. Der Kopfdurchmesser D wird zu 11, 12, 13 und 14 mm angenommen. Der kleinste notwendige Probenkopfdurchmesser wurde nach folgenden Überlegungen berechnet:

Um Fließen des Werkstoffes im engsten Querschnitt zu haben, muß die dafür notwendige Zugkraft F_0 kleiner sein, als die Zugkraft F_1, die ein Fließen im zylindrischen Teil bewirken würde:

$$F_0 \leq F_1 \tag{57}$$

$$F_0 = k_w A_0 = k_f C_S A_0 \tag{58}$$

$$F_1 = k_f A_1 \tag{59}$$

Der Einfachheit halber wurde der Korrekturfaktor nach Siebel C_S gewählt (da er nur zur Abschätzung dient) statt des neuen Korrekturfaktors C_N. Somit folgt:

$$k_f C_S A_0 \leq k_f A_1 \tag{60}$$

$$C_S d_0^2 \leq D^2 \tag{61}$$

$$D \geq d_0 \sqrt{C_S} \tag{62}$$

Für d_0=10 mm und R=13 mm gilt nach Gl. (14):

$$C_S = 1 + \frac{d_0}{8R} = 1,10 \tag{63}$$

Daraus folgt:

$$D \geq 1,05\, d_0 \tag{64}$$

Deshalb wurde für die Untersuchung als kleinster Probenkopfdurchmesser D_{min} = 11mm gewählt.

Wird nun der notwendige Korrekturfaktor C_N als Funktion des Umformgrades dargestellt (Bild 70), so bemerkt man deutlich den Einfluß des Kopfdurchmessers D. Besonders groß ist der Unterschied zwischen den notwendigen Korrekturfaktoren für D=11mm und D=12mm. Mit steigendem Kopfdurchmesser wird der Unterschied immer kleiner. So beträgt er zwischen D=13mm und D=14mm nur noch etwa 20 % dessen zwischen D=11mm und D=12mm. Ein Kopfdurchmesser D größer als 14mm bringt kaum noch meßbare Unterschiede zwischen den Korrekturfaktoren.

Auch bei den Zugkräften sind diese Unterschiede zu bemerken: mit dem Probenkopfdurchmesser D steigt auch die erforderliche Zugkraft F_y um den gleichen Umformgrad zu erzielen.

Ein größer werdender Korrekturfaktor C_N mit steigendem Probenkopfdurchmesser D bedeutet, daß die Kerbwirkung stärker wird. Die Umformzone wird mit steigendem Kopfdurchmesser D (steigender Kerbtiefe) immer kleiner.

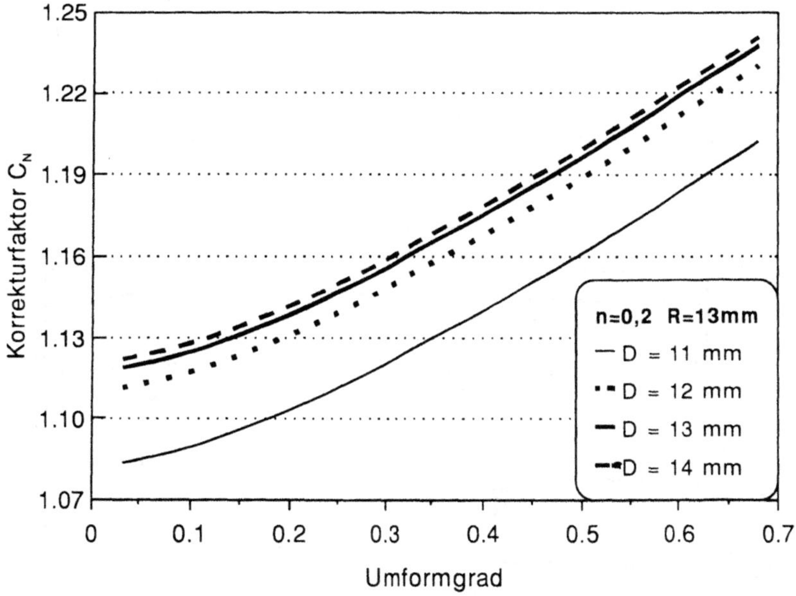

Bild 70: Notwendiger Korrekturfaktor C_N für unterschiedliche Probenkopfdurchmesser D.

Betrachtet man die Verteilung der örtlichen Formänderungen über dem engsten Probenquerschnitt bei verschiedenen Umformstufen (-graden φ_d) für die unterschiedlichen Kopfdurchmesser D, so sind hier ebenfalls Unterschiede zu erkennen (Bild 71 - 74). Allen Proben gemeinsam ist, daß die Umformung an der Oberfläche beginnt und dann gegen die Achse fortschreitet. Unterschiedlich ist jedoch sowohl die Ausbreitungsgeschwindigkeit als auch die Verteilung.

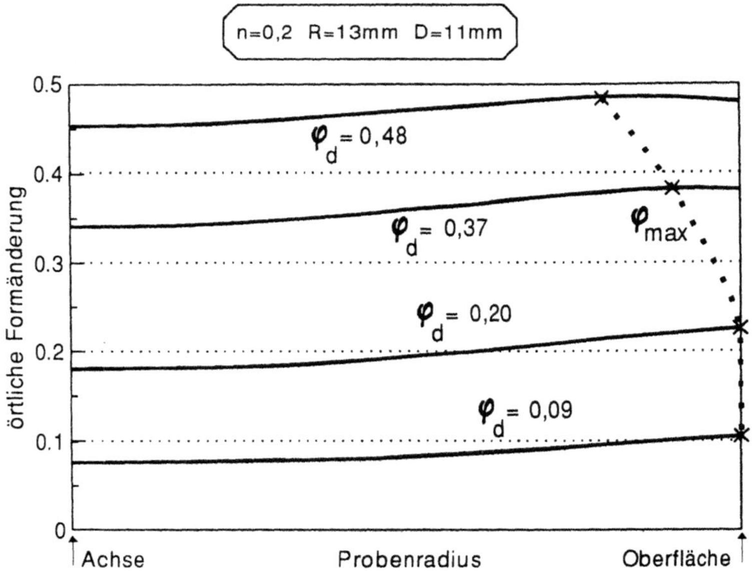

Bild 71: Verteilung der örtlichen Formänderungen über dem engsten Probenquerschnitt bei verschiedenen Umformgraden für D=11mm.

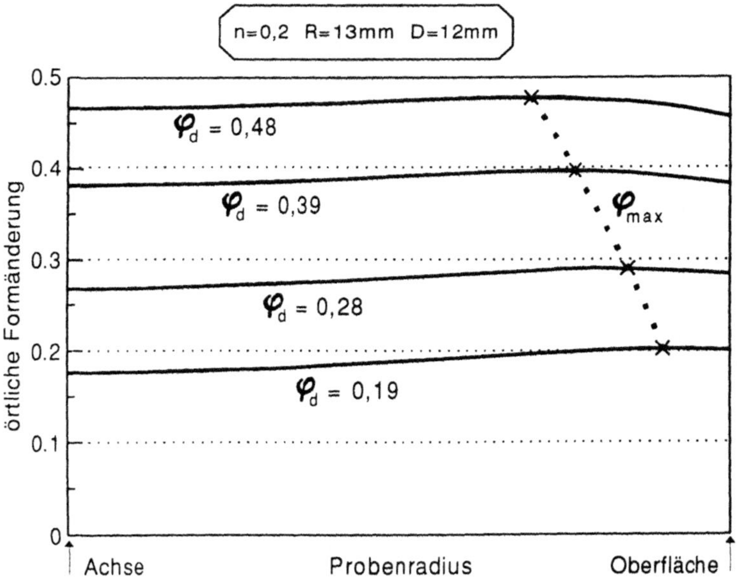

Bild 72: Verteilung der örtlichen Formänderungen über dem engsten Probenquerschnitt bei verschiedenen Umformgraden für D=12mm.

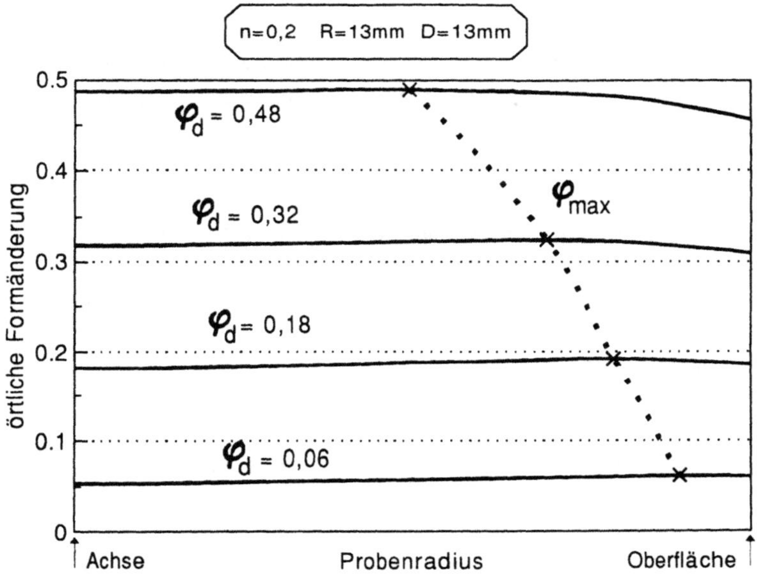

Bild 73: Verteilung der örtlichen Formänderungen über dem engsten Probenquerschnitt bei verschiedenen Umformgraden für D=13mm.

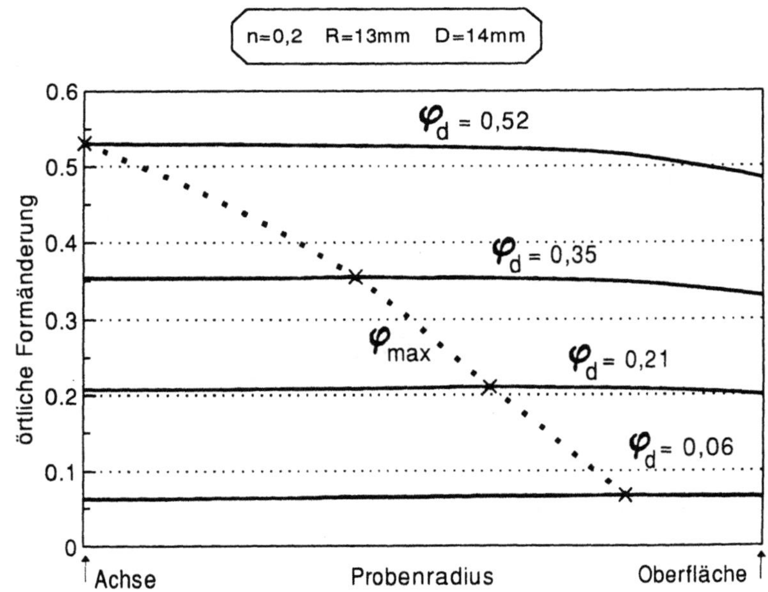

Bild 74: Verteilung der örtlichen Formänderungen über dem engsten Probenquerschnitt bei verschiedenen Umformgraden für D=14mm.

Verfolgt man auf diesen Bildern die Stelle der größten örtlichen Formänderung, so zeigt sich, daß bei D=11mm das Maximum auch bei hohen Umformgraden noch ziemlich nahe an der Probenoberfläche liegt (Bild 71), während es bei D=14mm, für etwa die gleiche Durchmesseränderung sich bereits in der Probenachse befindet (Bild 74).

Dies hat natürlich Auswirkungen auf die Homogenität der Umformung. In Bild 75 und 76 ist der Homogenitätsgrad der Spannungsverteilung in Zugrichtung σ_y (HO_{σ_y}) bzw. der örtlichen Formänderungen (HO_{φ}) dargestellt. Die Homogenität der Spannungsverteilung (Bild 75) nimmt bei allen Proben mit steigender Umformung ab. Die Spannungsverteilung in der Probe ist also recht inhomogen. Eine Ausnahme bildet die Probe mit dem Kopfdurchmesser D=11mm bei kleinen Umformgraden ($\varphi < 0{,}2$).

Bei der Homogenität der Formänderungsverteilung (Bild 76) sind deutlichere Unterschiede zu erkennen. Für kleine Probenkopfdurchmesser D (d.h. geringe Kerbtiefe) ist im engsten Querschnitt die Homogenität bei Versuchsbeginn sehr klein (vermutlich weil die Umformzone groß ist), steigt mit fortschreitender Umformung bis zu einem Maximum von etwa 0,96 an um dann leicht abzufallen wobei sie aber deutlich über 0,90 bleibt. Je größer der Kopfdurchmesser D wird, um so mehr verbessert sich der Homogenitätsgrad schon bei Versuchsbeginn und erreicht früher das Maximum. Dafür ist er aber bei höheren Umformgraden etwas geringer. Insgesamt jedoch ist die Formänderungsverteilung in der Probe recht homogen ($HO_{\varphi} > 0{,}9$).

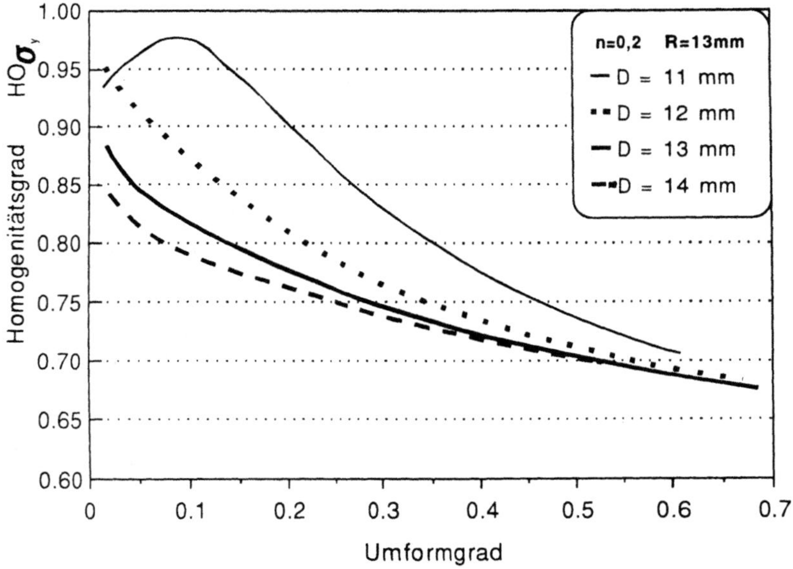

Bild 75: Homogenitätsgrad der Spannungsverteilung σ_y für unterschiedliche Probenkopfdurchmesser.

Aus Bild 76 wird die Möglichkeit ersichtlich, die gewünschte Homogenität durch eine geeignete Probengeometrie vorzubestimmen. Wenn z.B eine hohe Homogenität bei einem Umformgrad von etwa φ_d = 0,4 - 0,5 gewünscht ist, dann sollte als Probenkopfdurchmesser D=12mm gewählt werden. Soll die Homogenität über einen großen Bereich des Umformgrades von Versuchsbeginn an gewährleistet sein, dann ist (je nach Größe des Bereiches) ein Probenkopfdurchmesser zwischen 13mm und 14mm geeigneter (bei einem Kerbradius R=13mm und einem Werkstoff mit n=0,2).

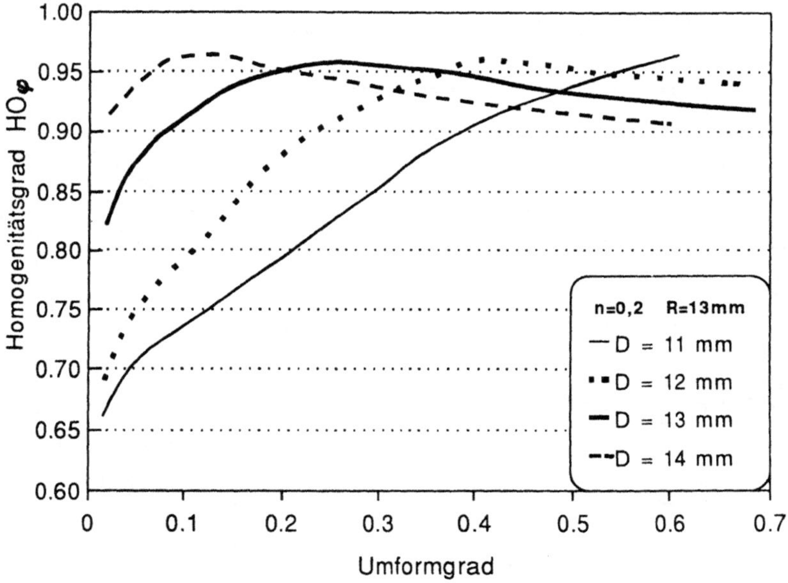

Bild 76: Homogenitätsgrad der Formänderungsverteilung für unterschiedliche Probenkopfdurchmesser.

7.3.2 Kerbradius

Wie bereits weiter vorn aufgezeigt und auch in der Literatur erwähnt, hat der Kerbradius R einen sehr großen Einfluß auf die im Versuch mit Kerbproben gemessenen und ermittelten Werte (Kraft, Umformwiderstand).

Es wurde bereits gezeigt, daß ein kleiner Kerbradius (R=2,5mm) einen großen Unterschied zwischen gemessenem Umformwiderstand k_w und tatsächlicher Fließspannung k_f bewirkt (Bild 61) und der optimale Kerbradius bei einer Probe mit d_0=10mm zwischen R=10mm und 15mm liegt. Deshalb sollen im folgenden die Ergebnisse zweier Kerbproben mit d_0=10mm, D=14mm und den Kerbradien R=10mm bzw. 13mm, aus einem Werkstoff mit dem Verfestigungsexponenten n=0,2 verglichen werden.

Wird der Unterschied zwischen gemessenem Umformwiderstand und tatsächlicher Fließspannung (k_w/k_f), d.h. der notwendige Korrekturfaktor C_N, über dem Umformgrad dargestellt (Bild 77), so bemerkt man, daß der Kerbradius R=10mm eine etwa 3% höhere Kerbwirkung als R=13mm bewirkt. Auch bei den Zugkräften ist dieser Unterschied auszumachen (Bild 78). Die Mehrachsigkeit κ in der Probe mit dem Kerbradius R=10mm ist höher, sowohl integral über dem Probenquerschnitt als auch lokal im Probenkern (ähnlich Bild 65).

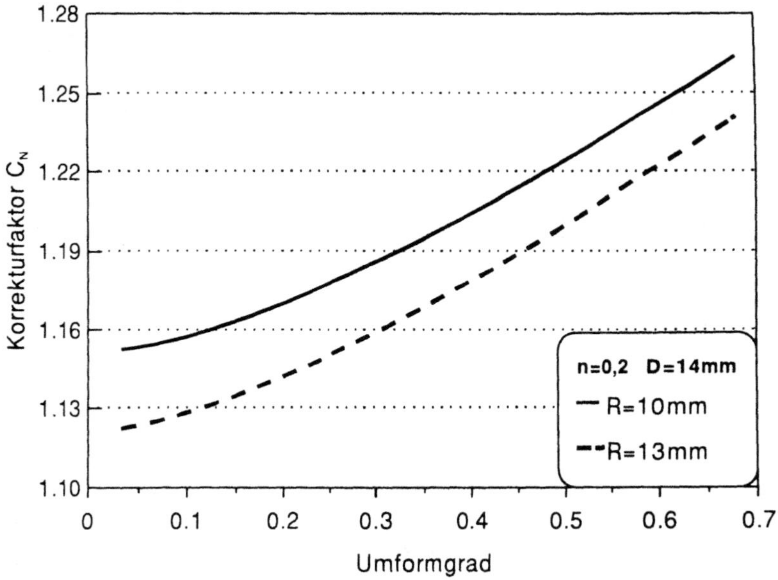

Bild 77: Verlauf des notwendigen Korrekturfaktors C_N für unterschiedliche Kerbradien R.

Vergleicht man nun die Verteilung der örtlichen Formänderungen über dem engsten Probenquerschnitt und ihren Verlauf bei verschiedenen Umformstufen (-graden φ_d), so werden auch hier deutliche Unterschiede bemerkt (Bild 74 und 79). Während die höchste örtliche Formänderung bei der Probe mit dem Kerbradius R=13mm bei einem Umformgrad φ_d=0,5 bereits in der Probenmitte erfolgt (Bild 74), befindet sie sich für R=10mm beim gleichen Umformgrad noch knapp unter der Oberfläche und wandert viel langsamer in Richtung Probenmitte (Bild 79).

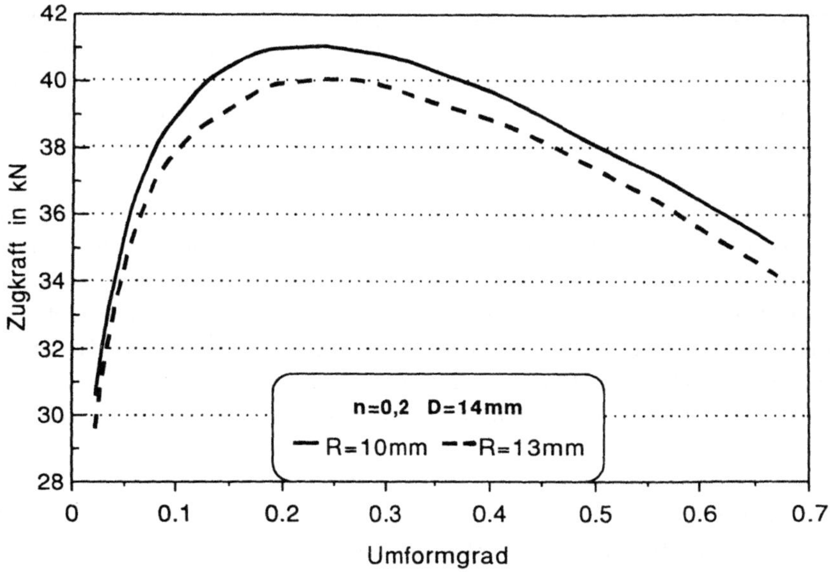

Bild 78: Verlauf der Zugkraft für unterschiedliche Kerbradien R.

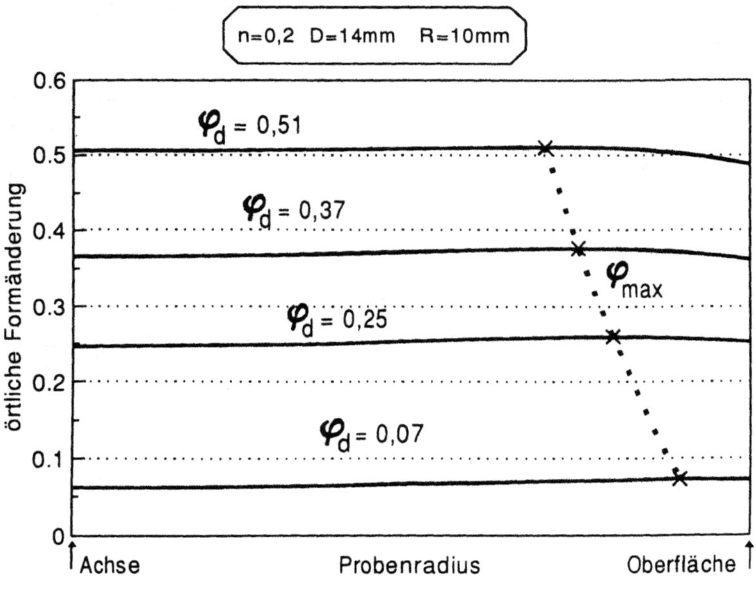

Bild 79: Verteilung der örtlichen Formänderungen über dem engsten Probenquerschnitt bei verschiedenen Umformgraden für R=10mm.

Betrachtet man nun den Verlauf der Homogenitätsgrade, so sind für die Spannung σ_y fast keine Unterschiede zu bemerken (Bild 80) - die Spannungsverteilung ist inhomogen. Für die Formänderungen hingegen fallen die Unterschiede recht deutlich aus (Bild 81). Die Formänderungsverteilung ist dür den Kerbradius R=13mm bei kleinen Umformgraden homogener, während sie bei großen Umformgraden für R=10mm homogener wird.

Ein Vergleich der Bilder 79 bzw. 81 mit den entsprechenden aus Abschnitt 7.3.1 verdeutlicht, daß ein Kerbradius von 10mm, die Verteilung der örtlichen Formänderungen über dem Querschnitt und den Homogenitätsgrad betreffend, eine ähnliche Wirkung hat wie die Verringerung des Probenkopfdurchmessers von D=14mm auf D=13mm (Bild 73 bzw. 76). Dies könnte daher kommen, daß in beiden Fällen fast die gleiche Kerblänge "2y" (L) zwischen den Probenköpfen gegeben ist, welche offensichtlich die gleichen Auswirkungen auf die örtlichen Formänderungen hat. Die Kerbwirkung ist jedoch für R=10mm und D=14mm um etwa 4% höher als im Falle von R=13mm und D=13mm.

Dies bedeutet, daß keine eindeutige Zuordnung zwischen Kerbwirkung, Verteilung der örtlichen Formänderungen, Homogenitätsgrad und Geometrie (D, R) möglich ist.

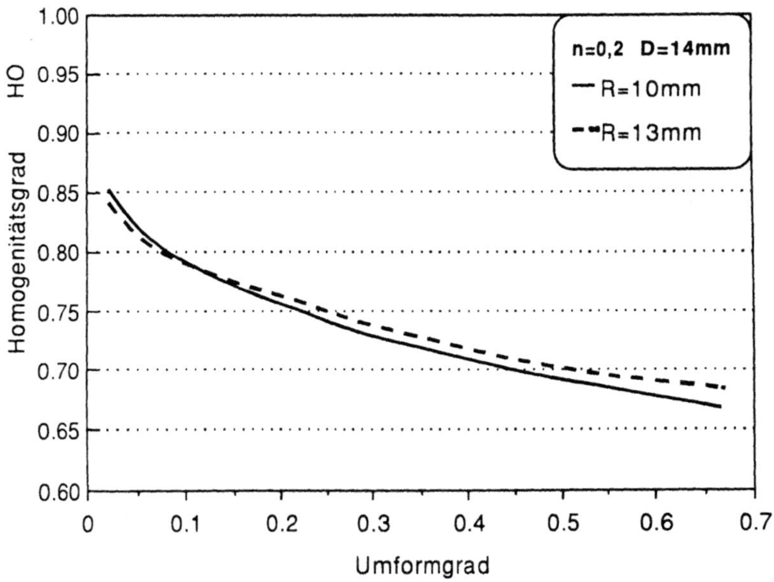

Bild 80: Homogenitätsgrad der Spannungsverteilung σ_y für unterschiedliche Kerbradien R.

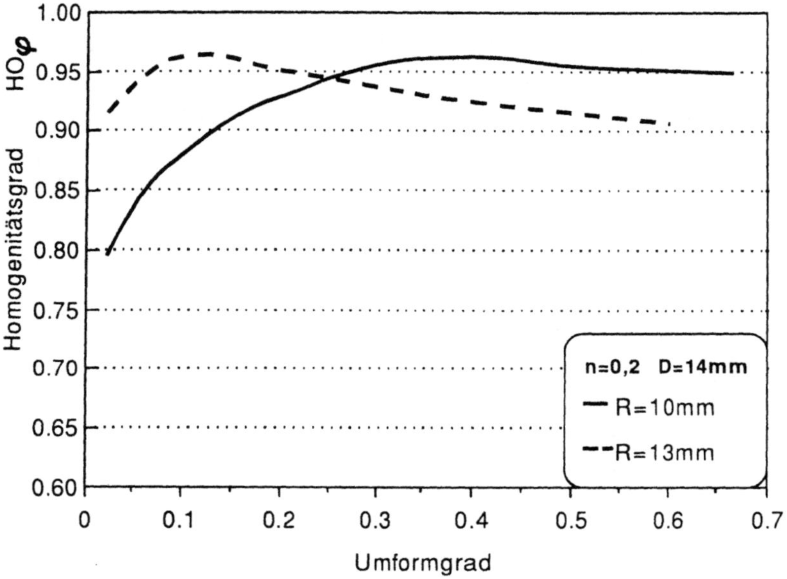

Bild 81: Homogenitätsgrad der Formänderungsverteilung für unterschiedliche Kerbradien R.

7.3.3 Werkstoff

Während der Versuche mit den verschiedenen Werkstoffen zeigte sich, daß bei gleicher Probengeometrie sich unterschiedlich große Umformzonen ausbildeten und zur Umrechnung des gemessenen Umformwiderstandes auf die Fließspannung unterschiedliche Korrekturfaktoren notwendig waren. Auch in anderen Veröffentlichungen wurde bereits darauf hingewiesen, daß der Korrekturfaktor nach Bridgman nur für niedriglegierte Stähle zu verwenden ist und dort in Näherung gute Ergebnisse gibt, für andere Werkstoffe jedoch deutliche Unterschiede aufweist [93,94].

Deshalb wurde der Einfluß des Werkstoffes systematisch untersucht. Dazu wurden 3 Werkstoffe mit unterschiedlichen Verfestigungsexponenten (n=0,1; n=0,2 und n=0,3) betrachtet. Im folgenden werden die Ergebnisse für die Probengeometrie d_0=10mm, D=13mm und R=13mm dargestellt.

In Bild 82 ist der Unterschied zwischen Umformwiderstand k_w und Fließspannung k_f für die verschiedenen Werkstoffe zu sehen. Ersichtlich ist bei dem Werkstoff mit dem geringsten Verfestigungsexponenten der Unterschied am größten.

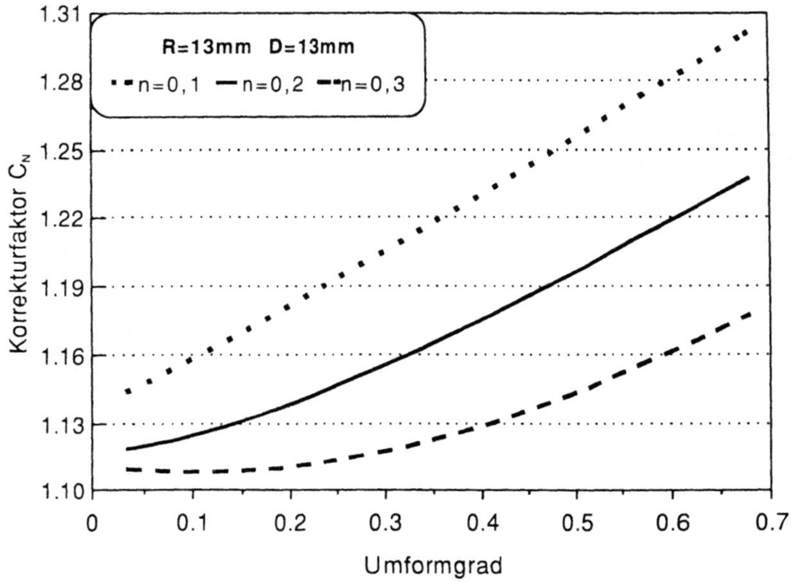

Bild 82: Verlauf des notwendigen Korrekturfaktors C_N für unterschiedliche Werkstoffe (Verfestigungsexponenten n).

Betrachtet man als nächstes die Verteilung der örtlichen Formänderungen über dem engsten Probenquerschnitt und ihre Entwicklung während des Zugversuches, so wird auch hier ein recht unterschiedliches Verhalten für die 3 Werkstoffe bemerkt (Bild 73, 83, 84):

- Bei dem Werkstoff mit dem kleinsten Verfestigungsexponenten (n=0,1), befindet sich die größte örtliche Formänderung recht schnell im Probenkern (Bild 83) bereits bei kleinen Umformgraden (φ_d < 0,2). Die Formänderungsverteilung sieht ähnlich wie die Spannungsverteilung aus, die bei allen Geometrien das Maximum in dem Probenkern hat.
- Bei den höher verfestigenden Werkstoffen wandert die größte örtliche Formänderung langsamer von der Oberfläche gegen den Kern und erreicht ihn erst bei hohen Umformgraden (φ_d > 0,5) (Bild 73 und 84).

Wird der Homogenitätsgrad der Formänderungsverteilung HO_φ betrachtet, so bemerkt man ein sehr unterschiedliches Verhalten (Bild 85):

- Bei einem kleinem Verfestigungsexponenten n ist nur am Anfang ein etwas höherer Homogenitätsgrad gegeben, der aber im Laufe des Zugversuches schnell geringer wird. Der Grund dafür ist, daß bereits bei Versuchsbeginn die Umformung sich recht schnell über dem gesamten Probenquerschnitt ausbreitet, da kaum Verfestigung, d.h. Widerstand gegeben ist. Dann steigt die örtliche Formänderung im Probenkern schnell an, während sie an der Oberfläche nur langsam wächst (Bild 83). Dadurch wird der Unterschied zwischen Probenkern und -oberfläche immer größer, d.h. die Umformung wird immer inhomogener.

- Bei dem höher verfestigenden Werkstoff (n=0,3) ist bei Versuchsbeginn eine große Inhomogenität vorhanden, da der Werkstoff sich zuerst nur an der Oberfläche plastisch verformt und die Plastifizierung nur langsam gegen den Kern fortschreitet. Je mehr die Plastifizierung fortschreitet, um so besser wird die Homogenität, welche ein Maximum erreicht und dann langsam kleiner wird.

Je größer der Verfestigungsexponent ist, desto später wird die größte örtliche Formänderung im Probenkern ankommen, desto später (bei höheren Umformgraden also) erreicht der Homogenitätsgrad sein Maximum. Ein hoher Verfestigungsexponent führt somit zu einer gleichmäßigeren Formänderungsverteilung.

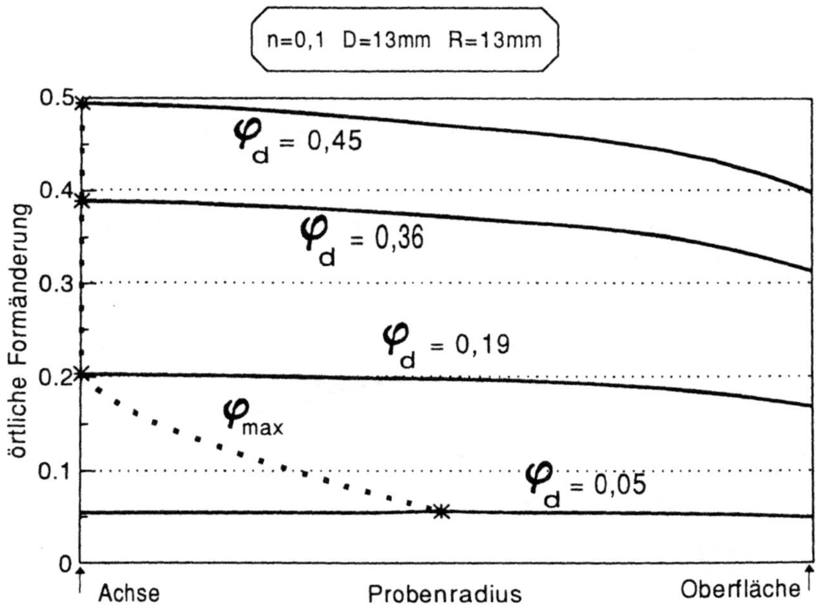

Bild 83: Verteilung der örtlichen Formänderungen über dem engsten Probenquerschnitt bei verschiedenen Umformgraden für n=0,1 .

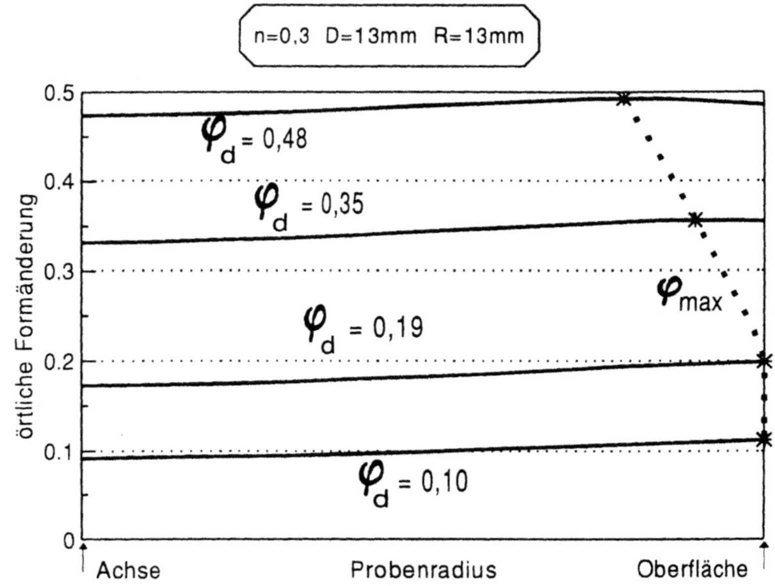

Bild 84: Verteilung der örtlichen Formänderungen über dem engsten Probenquerschnitt bei verschiedenen Umformgraden für n=0,3 .

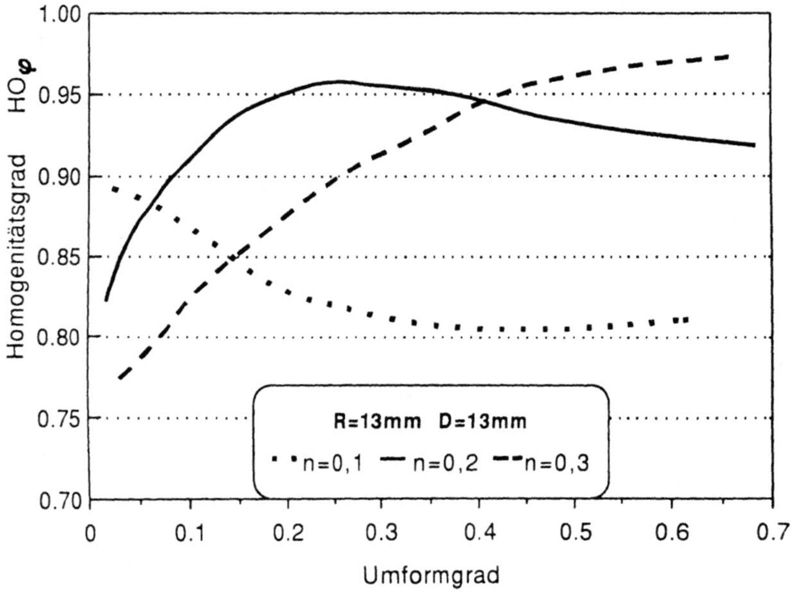

Bild 85: Homogenitätsgrad der Formänderungsverteilung für unterschiedliche Werkstoffe.

Betrachtet man den Homogenitätsgrad der Spannungsverteilung in Zugrichtung σ_y (Bild 86), so wird, von der Form her, bei allen Werkstoffen ein ähnlicher Verlauf bemerkt: bei Versuchsbeginn ein etwas höherer Homogenitätsgrad, der dann aber während des Versuchs immer kleiner wird. Dabei ist die Inhomogenität bei dem Werkstoff, der am wenigsten verfestigt (n=0,1), am größten und bei dem Werkstoff, der am meisten verfestigt (n=0,3) am kleinsten, da hier der Spannungsgradient kleiner ist.

Wird der Homogenitätsgrad für die Vergleichsspannung σ_v nach v. Mises berechnet und dargestellt (Bild 87), so bemerkt man den gleichen Verlauf wie beim Homogenitätsgrad der örtlichen Formänderungen (Bild 85), nur liegen die Werte sehr viel höher, und zwar fast alle über 0,95 . D.h. σ_v ist bei dieser Geometrie sehr homogen über dem Probenquerschnitt verteilt (fast linear, siehe Bild 56).

Es hat sich gezeigt, daß zwischen den Homogenitätsgraden HO_{σ_v} und HO_φ folgende Beziehung besteht:

$$HO_{\sigma_v} = \left(HO_\varphi\right)^n \tag{65}$$

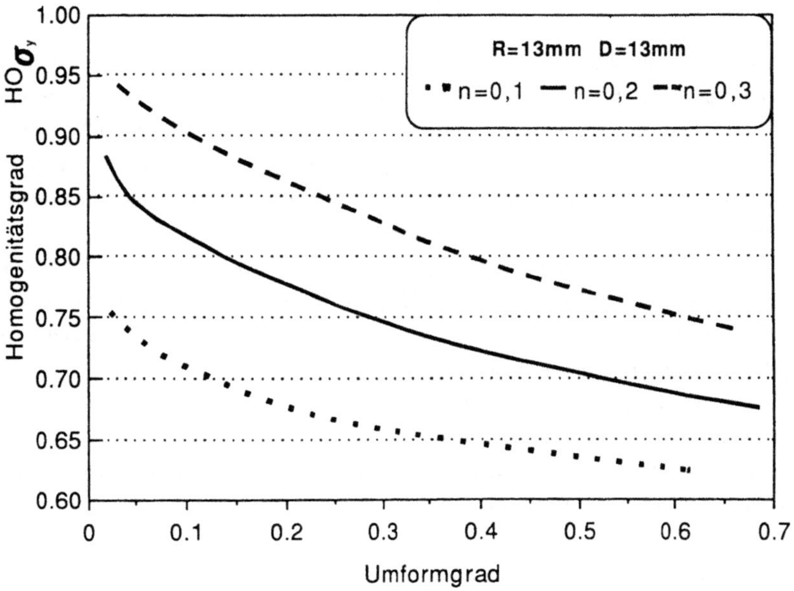

Bild 86: Homogenitätsgrad der Spannungsverteilung σ_y für unterschiedliche Werkstoffe.

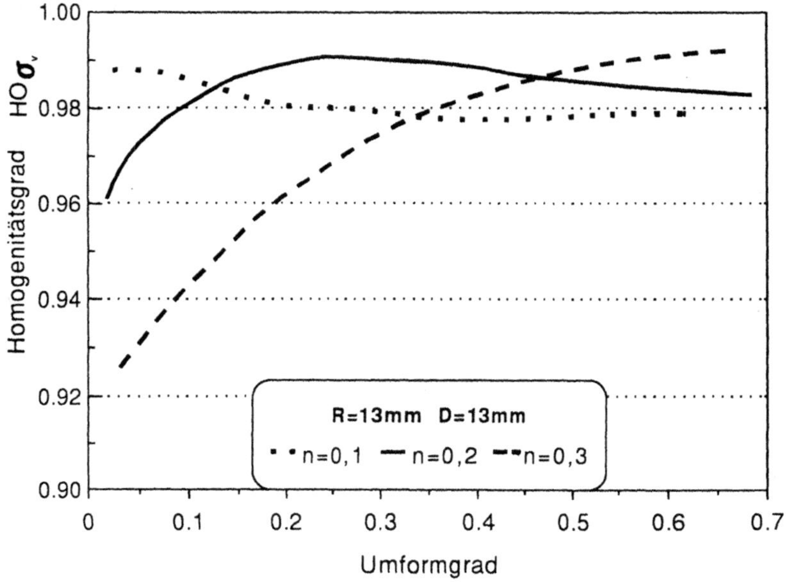

Bild 87: Homogenitätsgrad der Spannungsverteilung σ_v für unterschiedliche Werkstoffe.

Die Versuche mit unterschiedlichen Werkstoffen zeigten, daß sich bei gleicher Probengeometrie während des Zugversuches ein unterschiedlicher Homogenitätsgrad in dem engsten Probenquerschnitt einstellt. Soll bei Zugversuchen mit gekerbten Proben aus unterschiedlichen Werkstoffen der gleiche Homogenitätsgrad im engsten Probenquerschnitt gegeben sein (zwecks besserer Vergleichbarkeit der Ergebnisse), so muß die Probengeometrie entsprechend geändert werden, d.h. dem Werkstoff bzw. dem Verfestigungsexponenten angepaßt werden.

Um beispielsweise in allen Zugproben (mit d_0=10mm) aus den 3 unterschiedlichen Werkstoffen den gleichen Verlauf des Homogenitätsgrades HO_φ wie im Falle des Werkstoffes mit dem Verfestigungsexponenten n=0,2 und der Probengeometrie: D=13mm und R=13mm zu erzielen müssen die Geometrien der beiden anderen Werkstoffe wie folgt modifiziert werden:

- Bei dem Werkstoff mit dem Verfestigungsexponenten n=0,1 muß der Probenkopfdurchmesser D und/oder der Kerbradius R jeweils kleiner als 13mm gewählt werden.
- Bei dem Werkstoff mit dem Verfestigungsexponenten n=0,3 muß der Probenkopfdurchmesser D und/oder der Kerbradius R jeweils größer als 13mm gewählt werden.

Die Kerbwirkung wird jedoch nicht die gleiche sein. Für jede Variante ist ein anderer Korrekturfaktor notwendig. Dies bedeutet, daß keine eindeutige Zuordnung zwischen Kerbwirkung, Verteilung der örtlichen Formänderungen, Homogenitätsgrad, Geometrie (d_0, D, R) und Werkstoff möglich ist.

7.4 Ableitung einer Formel

Als Ergebnis der Variationen (Geometrie und Werkstoff) wurde eine Formel für den notwendigen Korrekturfaktor C_N hergeleitet, die die einzelnen Einflußgrößen berücksichtigt. Dafür wurden die Ergebnisse der Versuche und FE - Prozeßsimulation verwendet. Die gefundene Formel setzt sich aus 3 einzelnen Gliedern zusammen:

$$C_N = G_1 + G_2 + G_3 \tag{66}$$

Das erste Glied (G_1) berücksichtigt den Einfluß des Kerbradius. Es ging hervor aus der Veränderung des Bridgman-Korrekturfaktors und seiner Ergänzung mit dem Verfestigungsexponenten zur Berücksichtigung des Werkstoffeinflusses.

$$G_1 = \left[1 + \frac{(1{,}2 + 2\,n)\,2\,R}{d}\right] \ln\left[1 + \frac{d}{(1{,}2 + 2\,n)\,2\,R}\right] \tag{67}$$

Durch Anpassung an die Meßwerte wurden die beiden anderen Glieder gefunden:

Das zweite Glied (G_2) berücksichtigt in erster Linie den Einfluß der Kerbtiefe (Probenkopfdurchmesser bezogen auf den Probendurchmesser). Der Werkstoff hat dabei nur einen geringen Einfluß.

$$G_2 = 0{,}03\ (0{,}07 - n^3)\ \frac{d_0}{D - d_0}\ \ln \frac{D - d_0}{d_0} \tag{68}$$

Das dritte Glied (G_3) berücksichtigt den Einfluß von Umformgrad und Werkstoff auf die Differenz zwischen gemessenem Umformwiderstand und tatsächlicher Fließspannung.

$$G_3 = 0{,}06\,(0{,}6 - 10\,n^2)\,\varphi + (0{,}3 - \frac{n}{10})\ \varphi^{(1 + 10\,n^2)}\ e^{-n\,\varphi} + (0{,}01\ \frac{\sqrt{3}}{2}\ \frac{e^{5n}}{n})^2 \tag{69}$$

Der neue Korrekturfaktor C_N ist die Summe dieser einzelnen Glieder.

7.5 Experimentelle Überprüfung der Formel

Die gefundene Beziehung für den neuen Korrekturfaktor C_N wurde in das Rechenprogramm zur Auswertung der Versuche mit gekerbten Proben eingebaut. Damit kann aus der gemessenen Kraft und der gemessenen Durchmesseränderung direkt die Fließkurve berechnet werden.

Um die Formel zu überprüfen, wurden Zugproben unterschiedlicher Geometrie aus den Werkstoffen 16MnCr5, Ck15 und CuZn39 hergestellt und untersucht. Es kamen sowohl DIN-Proben wie auch gekerbte Proben, bei denen der Kopfdurchmesser D und der Kerbradius R variiert wurden, zur Anwendung.

Zuerst wurde mit den DIN-Proben die Referenz-Fließkurve der Werkstoffe bestimmt. Dabei wurde einmal die übliche Methode verwendet - das Spannungs-Dehnungs-Diagramm wurde aufgezeichnet wobei zur Bestimmung der Dehnung die Längenmessung, mit Meßlänge $L_0=5d_0$, eingesetzt wurde. Bild 88 zeigt die Spannungs-Dehnungs-Diagramme der untersuchten Werkstoffe. Aus diesen Daten wurden die Referenz-Fließkurven der Werkstoffe berechnet, wobei nur die Werte bis zur Gleichmaßdehnung berücksichtigt wurden. Des weiteren wurde auch bei den DIN-Proben die Vorrichtung zur kontinuierlichen Messung des Probendurchmessers für die Bestimmung der Fließkurve verwendet. Bei der Auswertung der Meßergebnisse ergaben sich nach beiden Meßverfahren identische Fließkurven.

In Tabelle 2 sind die wichtigsten Kennwerte der Werkstoffe, die sich aus dem Zugversuch ergaben, aufgelistet (Mittelwerte von je 3 Versuchen):

Tabelle 2: Ergebnisse des Zugversuches nach DIN EN 10 002.

		16MnCr5	Ck15	CuZn39
$R_{p0,2}$	[N/mm^2]	-	268	130
R_{eH} / R_{eL}	[N/mm^2]	335 / 327	-	-
R_m	[N/mm^2]	478	407	389
A_g	[%]	17,3	20,3	34,2
A	[%]	34,5	40,9	40,8
E	[kN/mm^2]	203,4	214,2	101,7
n	[-]	0,21	0,24	0,42

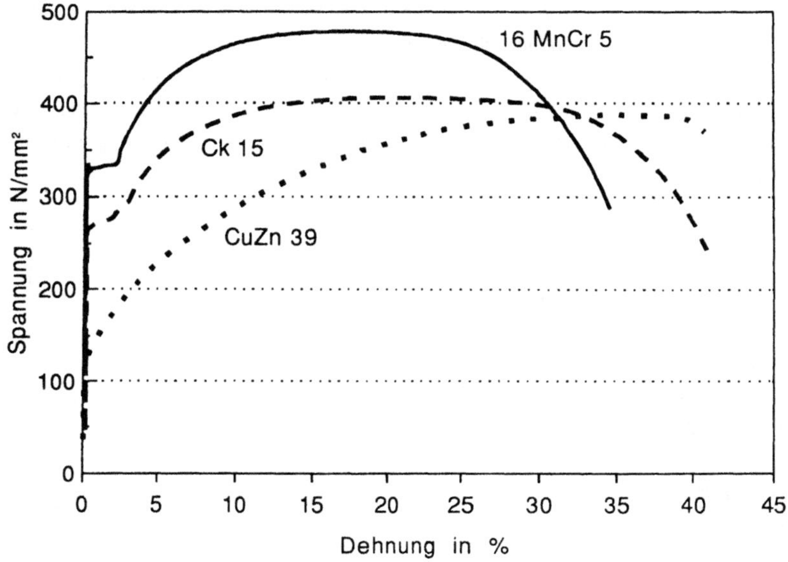

Bild 88: Mit DIN-Proben aufgenommenes Spannungs-Dehnungs-Diagramm der untersuchten Werkstoffe.

Durch eine lineare Regressionsrechnung der logarithmierten Fließkurvengleichung (Ludwik-Hollomon)

$$\ln k_f = \ln C + n \ln \varphi \qquad (70)$$

wurde für jeden Werkstoff im Bereich der Dehnungen $3\% \leq \varepsilon \leq A_g$ (Gleichmaßdehnung) der Wert des Verfestigungsexponenten "**n**" ermittelt (wie in Stahl-Eisen-Prüfblatt 1123 [12]). Der aus den Versuchen mit der DIN-Probe berechnete n-Wert (siehe Tabelle 2) wurde bei der Auswertung der Versuche mit gekerbten Proben in die Beziehung für den neuen Korrekturfaktors C_N zusammen mit den beiden anderen Parameter D, R eingegeben.

Bei den Versuchen mit den gekerbten Proben zeigte sich, daß für die Werkstoffe 16MnCr5 und Ck15 die Fließkurve bis zu einem Umformgrad $\varphi \approx 1$ ermittelt werden kann; das ist mehr als das 5-fache dessen, was mit der DIN-Probe möglich ist (φ_g=0,16 bzw. 0,18). Mit dem Werkstoff CuZn39 war keine so große Steigerung des Wertebereichs möglich (DIN-Probe bis $\varphi \approx 0{,}3$ und gekerbte Probe bis $\varphi \approx 0{,}4$). Für die Überprüfung des Einflusses des Werkstoffes auf den Korrekturfaktor C_N reichte der Bereich jedoch aus. Die Auswertung der Versuchsdaten ergab für die gekerbten Proben die gleiche Fließkurve wie für die DIN-Probe. Dies bedeutet, daß die abgeleitete Formel für den neuen Korrekturfaktor die Kerbwirkung als Funktion der einzelnen Parameter gut beschreibt.

Im folgenden werden einige Ergebnisse der Versuche ausführlicher dargestellt und diskutiert.

Bei den Versuchen mit gekerbten Proben wurde wie folgt vorgegangen: Während des Versuches wurden die Zugkraft, die Querkontraktion im engsten Probenquerschnitt sowie die Versuchszeit aufgezeichnet. Dabei ergab sich prinzipiell bei allen Versuchen ein Anstieg der Zugkraft bis zu einem Maximum und dann ein leichtes Abfallen. Wird der Weg des Querdehnungsmessers in den Umformgrad φ_d der Probe umgerechnet, so ergibt sich für das Kraft-Umformgrad-Schaubild ein ähnlicher Verlauf wie beim Kraft-Weg-Diagramm.

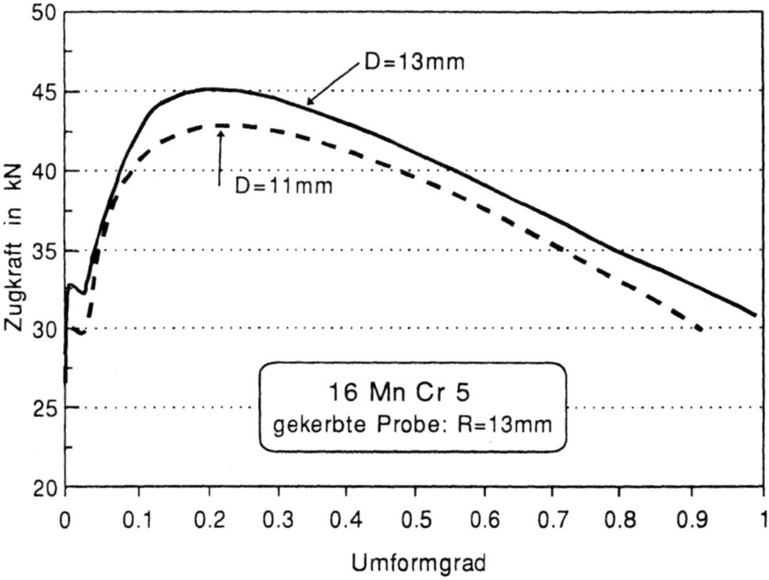

Bild 89: Verlauf der Zugkraft über dem Umformgrad für gekerbte Zugproben.

In Bild 89 ist beispielhaft die Veränderung der Zugkraft als Funktion des Umformgrades φ_d für eine gekerbte Zugprobe aus 16MnCr5 mit dem Kerbradius R=13mm, dem Probendurchmesser d_0=10mm und dem Probenkopfdurchmesser D=11mm bzw. D=13mm dargestellt. Zu erkennen ist nach einer ausgeprägten Streckgrenze der Anstieg zum Kraftmaximum und dann ein Abfallen der Kraft. Für den Werkstoff 16MnCr5 ist die Kraft im Bereich der Umformgrade $\varphi \approx 0{,}18$ - 0,26 in etwa konstant, das Kraftmaximum ist nicht eindeutig zu erkennen.

Der Werkstoff Ck15 hat einen ähnlichen Verlauf wie in Bild 89 dargestellt, nur liegt das Kraftmaximum bei etwas höheren Umformgraden, und zwar im Bereich $\varphi \approx 0{,}22$ - 0,30.
Für kleine Kopfdurchmesser D ist das Kraftmaximum im Wert nicht so hoch, erstreckt sich dafür über einen etwas größeren Bereich der Umformgrade. Nach dem Maximum fällt die Kraft bei den kleinen Kopfdurchmessern zunächst langsamer ab als bei den größeren Kopfdurchmessern. Bei höheren Umformgraden ändert sich dies. In Bild 89 ist für die Probe mit dem kleinen Kopf-

durchmesser (D=11mm) ein etwas stärkeres Abfallen der Kraft bei höheren Umformgraden zu bemerken. Werden aus den Versuchsergebnissen unter Verwendung des neuen Korrekturfaktors C_N die Fließkurven berechnet (Bild 90), so ergibt sich ein Streuband, welches bis zu Umformgraden von etwa $\varphi \approx 0{,}8$ recht eng ist und ab dann breiter wird. In Bild 90 ist für den Werkstoff 16MnCr5 einmal die mit der DIN-Probe ermittelte Referenz-Fließkurve zu sehen, des weiteren die höchste und niedrigste aus Versuchen mit gekerbten Proben mit unterschiedlichem Kopfdurchmesser D (bei gleichen Kerbradius R=13mm) errechnete Fließkurve. Mit kleiner werdendem Kerbradius (z.B. R=10mm) wandert der Punkt, an welchem das Streuband breiter wird bzw. die Fließkurve der Probe mit dem kleinen Kopfdurchmesser abbiegt, zu kleineren Umformgraden hin.

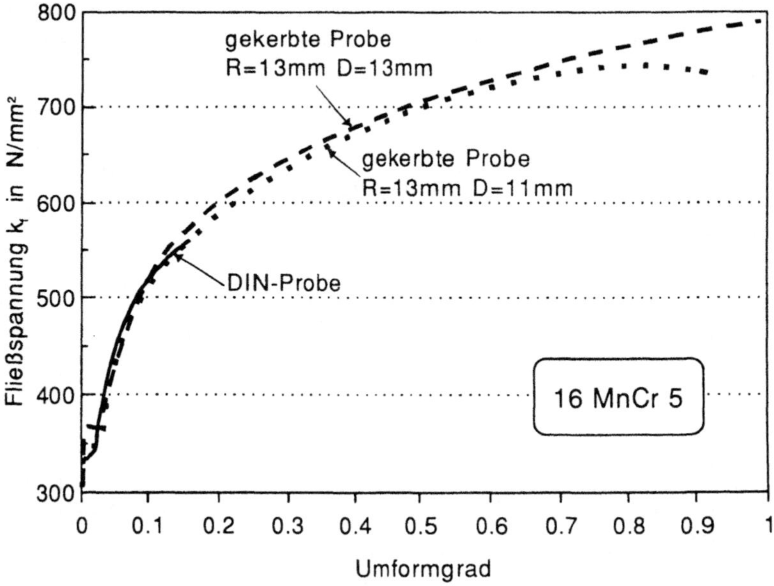

Bild 90: Vergleich der im Zugversuch mit unterschiedlicher Probengeometrie aufgenommenen Fließkurven.

Für den Werkstoff Ck15 wurden ähnliche Ergebnisse erzielt. Dort wird das Streuband (für R=13mm) bei hohen Umformgraden jedoch nicht so breit bzw. die Fließkurve biegt nicht nach unten ab, sondern geht in ein Plateau über. Wird die Kerbwirkung durch einen kleineren Kerbradius erhöht, so wird auch bei Ck15 das Streuband breiter bzw. die Fließkurve der Probe mit dem kleinen Kopfdurchmesser biegt ab, jedoch bei etwas höheren Umformgraden im Vergleich zu 16MnCr5 (bei der gleichen Probengeometrie). Dies ist durch den höheren Verfestigungsexponenten von Ck15 bedingt.

Der Grund für dieses Verhalten für kleine Kopfdurchmesser (D=11mm) besteht darin, daß ab einem gewissen Umformgrad die Umformzone den Probenkopf erreicht und auch dieser sich plastisch verformt. Dieser Effekt (Umformung auch des Probenkopfes) konnte mit der Mikrometerschraube gemessen und durch die Härteprüfung nachgewiesen werden. Bei hohen Umformgraden wurde er auch mit freiem Auge an den Proben bemerkt.

Wird aus den mit dem Querdehnungsmesser (QDM) erzielten Meßergebnissen die momentane Umformgeschwindigkeit $\dot{\varphi}$ berechnet und als Funktion des Umformgrades φ_d dargestellt, so ergibt sich der Verlauf aus Bild 91. Die Versuche wurden mit einer konstanten Geschwindigkeit des Querhauptes der Zugprüfmaschine (v_z = 0,1 mm/s) durchgeführt. Für die DIN-Probe wurden mit dem QDM in etwa konstante momentane Umformgeschwindigkeiten in der Größenordnung $\dot{\varphi}_m \approx 0{,}003\ s^{-1}$ ermittelt. Bei den gekerbten Proben steigt die momentane Umformgeschwindigkeit mit wachsendem Umformgrad an.

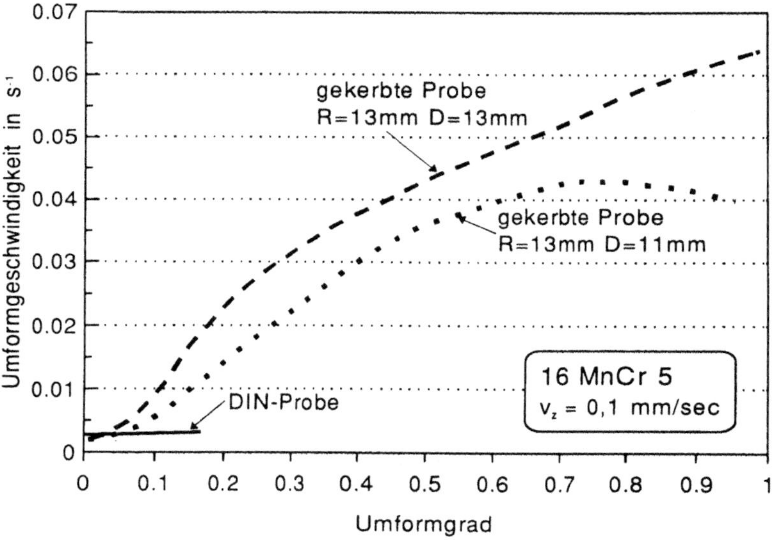

Bild 91: Im engsten Probenquerschnitt gemessene Umformgeschwindigkeit.

In Bild 91 ist zu erkennen, daß bei größerem Kopfdurchmesser, bedingt durch die kleinere Umformzone, höhere Umformgeschwindigkeiten im engsten Probenquerschnitt erzielt werden als bei den Proben mit kleinem Kopfdurchmesser. Wie bei dem Verlauf der Fließkurve (Bild 90) ist die stärkere Vergrößerung der Umformzone bei kleinen Kopfdurchmesser während des Zugversuches auch aus der Darstellung der Umformgeschwindigkeit zu erkennen. Die momentane Umformgeschwindigkeit im engsten Probenquerschnitt steigt zunächst an, erreicht ein Plateau wenn die Umformzone den Probenkopf erreicht und fällt ab, wenn auch der Probenkopf sich umzuformen beginnt.

Bei kleinerem Kerbradius (z.B. R=10mm) ist auch bei der Umformgeschwindigkeit ein vom Verlauf her ähnlicher Effekt wie bei der Fließkurve zu bemerken. Das Plateau bzw. das Abbiegen der Umformgeschwindigkeit tritt früher auf, d.h. bei kleineren Umformgraden, da die Umformzone den Probenkopf früher erreicht, also bevor der engste Probenquerschnitt stark umgeformt ist.

Die im Zugversuch mit gekerbten Proben aufgenommenen Fließkurven von 16MnCr5 und Ck15 wurden mit den Fließkurven, die im Stauchversuch (sowohl Flachstauchversuch [95, 96] wie auch Zylinderstauchversuch nach Rastegaev [68]) aufgenommen wurden, verglichen.
In Bild 92 ist beispielhaft für 16MnCr5 die ermittelte Fließkurve aus dem Zugversuch, einmal mit der DIN-Probe und einmal mit der gekerbten Probe, sowie aus dem Flachstauchversuch dargestellt. Es zeigt sich eine sehr gute Übereinstimmung. Gleiches gilt für den Vergleich mit dem Zylinderstauchversuch nach Rastegaev. Zwischen der Zug- und der Stauchfließkurve gibt es nur bei kleinen Umformgraden ($\varphi<0{,}05$) Abweichungen. Dieses Phänomen wurde auch beim Vergleich Flachstauchversuch - Zugversuch mit Flachzugproben festgestellt und bereits in Abschnitt 5.1 diskutiert.

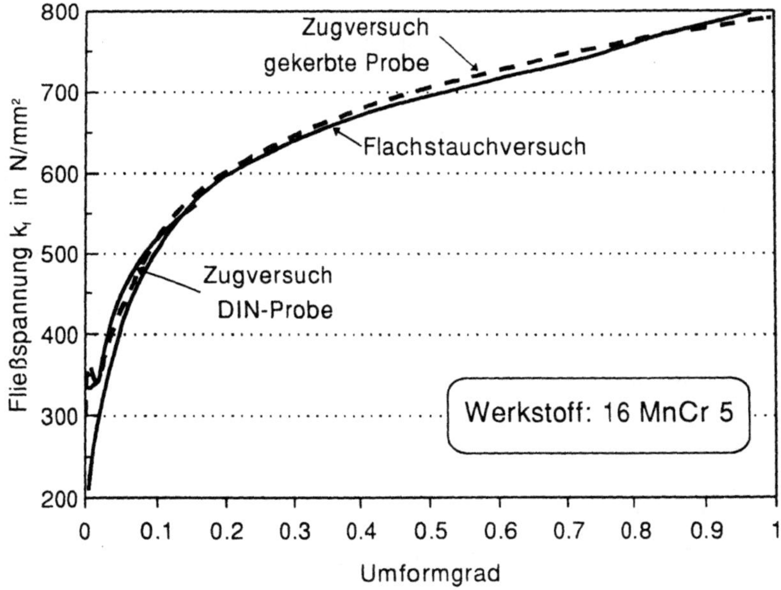

Bild 92: Vergleich der nach verschiedenen Verfahren aufgenommenen Fließkurven.

Somit zeigen die Versuche mit gekerbten Proben, daß auch im Zugversuch die Fließkurve bis zu recht hohen Umformgraden genau aufgenommen werden kann.

7.6 Diskussion der Ergebnisse

Mit den Werkstoffen 16MnCr5 und Ck15 konnten bei den Zugversuchen mit gekerbten Proben die Fließkurven bis zu Umformgraden $\varphi \approx 1$ ermittelt werden. Damit wurde der Bereich, in welchem die Fließkurve im Zugversuch bestimmt werden kann, um etwa das 5-fache gegenüber der herkömmlichen Methode mit DIN-Proben erweitert. Die Umformgeschwindigkeit in der Zugprobe konnte bei gleicher Geschwindigkeit der Prüfmaschine um mehr als den Faktor 10 gegenüber der Umformgeschwindigkeit in der DIN-Probe vergrößert werden. Dafür ist eine einfache, unkomplizierte Vorrichtung zur Durchmessermessung ohne weitere aufwendige Meßtechnik ausreichend, die den kontinuierlichen Versuchsablauf bis zum Probenbruch gewährleistet (s. a. Abschnitt 7.2). Die Auswertung der Meßdaten erfolgt auf einem gewöhnlichen Rechner (PC).

Die Kerbwirkung wird durch einen Korrekturfaktor C_N berücksichtigt. Dieser ist abhängig vom Werkstoff, der Probengeometrie (d_0, D, R) und dem Umformgrad. Bei der Überprüfung der Formel für den Korrekturfaktor C_N durch praktische Versuche zeigte sich eine gute Übereinstimmung, sowohl zwischen der Fließkurve aus dem Zugversuch mit der DIN-Probe und der gekerbten Probe als auch bei höheren Umformgraden mit Ergebnissen des Stauchversuchs.

Die Fließkurve aus dem Zugversuch mit der DIN-Probe wurde durch den Ludwik-Hollomon-Ansatz (Gl. 71) angenähert:

$$k_f = C\,\varphi^n \tag{71}$$

Bei der Ermittlung des Verfestigungsexponenten n und der Konstanten C durch eine lineare Regressionsrechnung wurden nur die Werte im Bereich der Dehnungen: $\varepsilon = 3\%$ bis $\varepsilon = 17\%$ (Gleichmaßdehnung A_g) berücksichtigt. Dabei ergab sich für 16MnCr5 folgende theoretische Fließkurve:

$$k_f = 840\ \varphi^{0,21} \qquad \left[\frac{N}{mm^2}\right] \tag{72}$$

Der Korrelationskoeffizient beträgt: R=0,973. Dies bedeutet, daß eine gute Übereinstimmung zwischen der mit der DIN-Probe gemessenen Fließkurve und der Annäherung durch den Ludwik-Ansatz in dem angegebenen Bereich der Umformgrade (φ = 0,03 - 0,16) gegeben ist (Bild 93).

Wird nun die berechnete Ludwik-Gleichung bis zu hohen Umformgraden extrapoliert ($\varphi = 1$) und mit der tatsächlichen Fließkurve, die mit gekerbten Proben ermittelt wurde, verglichen, so zeigt sich folgendes (Bild 93): Bis zu einem Umformgrad von $\varphi = 0,3$ besteht gute Übereinstimmung, der Unterschied zwischen den beiden Fließkurven ist kleiner als 5 N/mm^2 (1%). Mit steigendem Umformgrad wird der Unterschied jedoch größer (z.B. bei $\varphi = 0,4$ ist er bereits 12 N/mm^2 (2%)) und beträgt bei einem Umformgrad $\varphi = 1$ etwa 50 N/mm^2 (über 6%).

Dies zeigt deutlich, daß es notwendig ist die Fließkurven bis zu höheren Umformgraden im Versuch zu bestimmen. Eine mathematische Beschreibung der Fließkurve trifft nur für den Bereich zu, für den auch die Meßdaten vorliegen. Sie sollte deshalb nur für diesen Bereich erfolgen. Die Fließkurve sollte nicht weiter extrapoliert werden, da sich gezeigt hat, daß die Extrapolation umso unsicherer wird, je weiter sie von dem Bereich entfernt ist, für den die Kurve im Versuch ermittelt wurde.

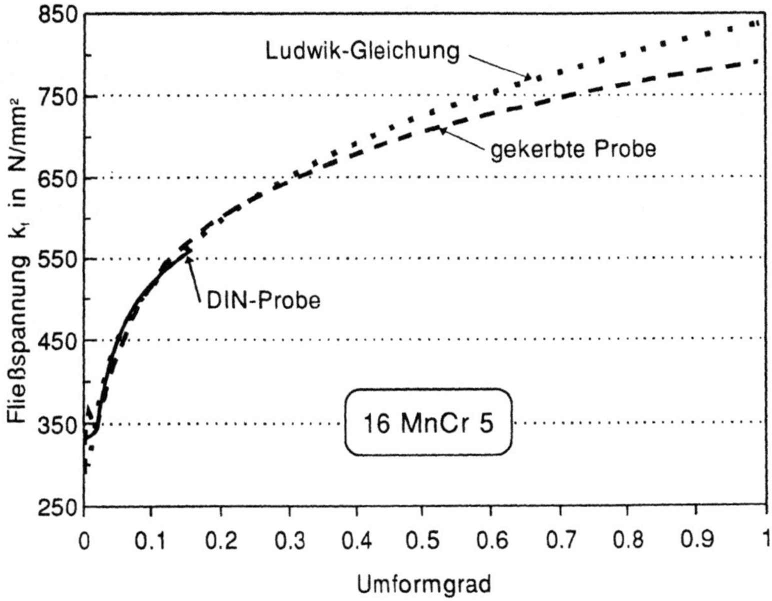

Bild 93: Unterschied zwischen tatsächlicher Fließkurve und der Annäherung durch den Ludwik-Hollomon-Ansatz.

Aufgrund der Versuchsergebnisse haben sich für die untersuchten Werkstoffe als optimale Versuchsbedingungen erwiesen: bei einem Probendurchmesser d_0=10mm ein Probenkopfdurchmesser D=13mm und ein Kerbradius R=13mm. Dabei wurde ein Unterschied zwischen gemessenem Umformwiderstand und tatsächlicher Fließspannung festgestellt, der über 10% lag. Dieser wird bei der Versuchsauswertung rechnerisch eliminiert. Der Unterschied ist abhängig von dem untersuchten Werkstoff und dem momentanen Umformgrad. Für 16MnCr5 beträgt er beispielsweise bei Beginn des Zugversuchs 11%, im weiteren Verlauf steigt er an und erreicht bei einem Umformgrad $\varphi \approx 1$ etwa 30%.

Der Einfluß der verschiedenen Parameter kann wie folgt zusammengefaßt werden:

- Bei der Durchführung der Zugversuche mit gekerbten Proben hat sich gezeigt, daß mit größer werdendem Probenkopfdurchmesser D die Kerbwirkung stärker, die Umformzone kleiner und die Umformgeschwindigkeit im engsten Probenquerschnitt größer wird.
- Ähnliches gilt für den Einfluß des Kerbradius. Mit kleiner werdendem Kerbradius R wird ebenfalls die Kerbwirkung stärker, die Umformzone kleiner und die Umformgeschwindigkeit im engsten Probenquerschnitt größer.
- Auch der Werkstoff bzw. der Verfestigungsexponent hat einen Einfluß auf die Versuchsergebnisse. Mit steigendem Verfestigungsexponent n wird bei gleicher Probengeometrie die Kerbwirkung schwächer, die Umformzone größer und die Umformgeschwindigkeit im engsten Probenquerschnitt kleiner.

Die Versuche zeigten außerdem, daß keine eindeutige Zuordnung zwischen Kerbwirkung, Verteilung der örtlichen Formänderungen, Homogenitätsgrad, Geometrie (d_0, D, R) und Werkstoff möglich ist.

8 Empfehlungen für die Anwendung

Aufgrund der durchgeführten Untersuchung lassen sich folgende Empfehlungen für die Anwendung des Flachstauchversuches angeben:

- Der Flachstauchversuch soll mit Stempeln mit abgerundeten Kanten durchgeführt werden, um den Schiebungsanteil zu reduzieren;
- Die Probenhöhe (h_0) soll größer als 4-5mm sein, damit die Genauigkeit der Höhenmessung über den gesamten Wertebereich für den Umformgrad gewährleistet ist;
- Das Verhältnis der Stempelbreite zur Probenhöhe (a_0/h_0) soll zwischen 1 und 2 liegen; es soll auf keinen Fall kleiner als 1 sein, da sonst der Schiebungsanteil sehr groß wird, aber auch nicht größer als 2, da sonst der Reibungsanteil bei hohen Umformgraden sehr groß wird;
- Der Kantenradius (R) soll zwischen 1 und 2mm betragen (bei kleinen a/h-Verhältnissen gilt der größere Wert und bei größeren a/h-Verhältnissen der kleinere Wert). Als Richtwert kann dienen: $R=2\ h_0/a_0$ in mm. Größere Radien bringen zwar eine weitere Reduzierung des Schiebungsanteils bei Versuchsbeginn, erscheinen jedoch nicht sinnvoll, da sie eine Erhöhung des Reibungsanteils zur Folge haben, die mit wachsendem Umformgrad recht groß wird;
- Das Verhältnis der wirksamen Probenlänge zur Stempelbreite (l/a) soll so groß wie möglich sein. Der in der Literatur angegebene Wert von $l/a > 6$ stellt eine untere Grenze dar. Besser ist $l/a = 12$ bis 15, da dann fast über der gesamten Probenlänge ebene Formänderung herrscht. Auch der Längungsfaktor LF (die relative Längung) ist dann klein;
- Die Probenlänge (l_0) soll kleiner als die Stempellänge sein, damit keine Stege entstehen, die zusätzliche Spannungen erzeugen. Als Richtwert kann für die Probenlänge etwa 90-95% der Stempellänge empfohlen werden, damit auch während des Stauchvorganges, bedingt durch die Probenlängung, kein Werkstoff an den Stempelenden heraustritt;
- Die Probenbreite soll etwa das 3- bis 5-fache der Stempelbreite betragen (b>>a), damit seitlich genügend Werkstoff vorhanden ist, der nicht umgeformt wird (Richtwert: b=a+30(40) mm, d.h. etwa 15 - 20 mm auf jeder Seite). So wird das Ausbauchen der Probe verhindert, der Längungsfaktor bleibt klein und die ebene Formänderung ist besser gewährleistet;
- Die Probe soll gut geschmiert werden, um den Einfluß der Reibung gering zu halten (z.B. mit Wachs).

Aufgrund der durchgeführten Untersuchung können folgende Empfehlungen für die Anwendung des Zugversuches mit gekerbten Proben gegeben werden:

- Soll im Zugversuch die Fließkurve bis zu hohen Umformgraden kontinuierlich aufgenommen werden, so sollten dafür gekerbte Proben eingesetzt werden.

Die Probengeometrie soll in Abhängigkeit von dem angestrebten Umformgrad, der dabei gewünschten Homogenität der Umformung und vom Werkstoff gewählt werden. Als Anhaltspunkte für einen Werkstoff mit mittlerer Verfestigung (n=0,2) können folgende Werte für den Probenkopfdurchmesser D und den Kerbradius R dienen:

- Der Probenkopfdurchmesser (D) soll 1,3 - 1,4 d_0 sein, damit der zylindrische Probenkopf bei hohen Umformgraden nicht mit umgeformt wird;
- Der Kerbradius R soll größer als der Probendurchmesser d_0 sein. Als Richtwert kann dienen: R = 1 - 1,5 d_0. Bei kleineren Radien ist die Kerbwirkung zu groß. Größere Radien bringen zwar eine Reduzierung des Korrekturfaktors C_N (der Unterschied zwischen Umformwiderstand und Fließspannung wird kleiner), erscheinen jedoch nicht sinnvoll, da bei großen Kerbradien der Bereich des engsten Probenquerschnittes fast zylindrisch wird, was eine inhomogenere Umformung bei höheren Umformgraden zur Folge hat.

9 Zusammenfassung

Die Genauigkeit der Rechnersimulation von Umformvorgängen wird durch die Genauigkeit der Werkstoffbeschreibung begrenzt. Deshalb wird eine genaue Kenntnis der Fließkurve bis zu hohen Umformgraden gefordert.
Bei der Erfassung der plastischen Eigenschaften metallischer Werkstoffe ist es problematisch, die hohen Umformgrade technischer Umformverfahren im Modellversuch zu realisieren, ohne Fehler durch Inhomogenitäten oder Instabilitäten in Kauf nehmen zu müssen. Aus diesem Grunde wurden zwei Verfahren zur Aufnahme von Fließkurven im Hinblick auf mögliche Verbesserungen untersucht: der Flachstauchversuch und der Zugversuch mit gekerbten Proben.

Der *Flachstauchversuch* dient zur Ermittlung von Fließkurven bis zu hohen Umformgraden bei ebener Formänderung. Um den Anwendungsbereich des Versuches zu erweitern und seine Genauigkeit zu verbessern, wurden Stempeln mit abgerundeten Kanten verwendet. Die dabei zu berücksichtigenden Einflußfaktoren (wirksame Stempelbreite und Probenlänge, Reibungszahl, Schiebungsanteil) wurden durch Versuche und theoretische Berechnungen quantitativ ermittelt. Mit Hilfe der elementaren Theorie der Plastomechanik wurde aufgezeigt, wo man ansetzen muß, um die Einflußgrößen zu reduzieren bzw. zu beherrschen und welche unter gegebenen Versuchsbedingungen besonders zu beachten sind. So reicht es z.B. nicht aus, nur den Reibungseinfluß zu unterdrücken, da gerade bei der Verwendung von schmalen Stempeln (kleinem Verhältnis Stempelbreite/Probenhöhe) der sog. Schiebungsanteil den größten Einfluß hat.

Die Fließkurve ergibt sich durch gleichzeitiges Eliminieren des Reibungs- und Schiebungsanteiles aus dem gemessenen Umformwiderstand. Der Vergleich mit Ergebnissen aus dem Zugversuch und dem Zylinderstauchversuch zeigt, daß der Flachstauchversuch ein geeignetes und aussagekräftiges Verfahren zur Aufnahme von Fließkurven ist.

Darüber hinaus wurde mit Hilfe der Finite-Element-Methode die Spannungs- und Formänderungsverteilung in der Probe als Funktion der verschiedenen Parameter berechnet. Dabei zeigte sich, daß die Homogenität der Umformung durch Stempel mit endlichen Kantenradien deutlich verbessert wird und die Spannungskonzentration an der Stempelkante abgebaut wird.

Die Versuche zeigten allgemein, daß im Flachstauchversuch deutlich höhere Umformgrade ($\varphi > 2$) als im Zylinderstauchversuch erreicht werden. Die Reibung betreffend bietet der Flachstauchversuch im Bereich höherer Umformgrade Vorteile gegenüber dem Zylinderstauchversuch. Ein Nachteil des Flachstauchversuchs ist der durch den seitlich unverformten Werkstoff bedingte Schiebungsanteil. Man kann ihn durch Kantenradien verringern, aber nur rechnerisch eliminieren. Zylinderstauchversuch und Flachstauchversuch sind als einander ergänzende Verfahren zu sehen. Der Flachstauchversuch bietet sich vor allem dann an, wenn die Fließkurve für die Berechnung oder Simulation von Umformverfahren mit ebener Formänderung (z.B. Walzen) benötigt wird. Außerdem kann der Flachstauchversuch auch benutzt werden, um Aussagen über die plastische Anisotropie von Werkstoffen zu gewinnen.

Der Flachstauchversuch kann auf einer einfachen Presse mit einem einfachen Werkzeug durchgeführt werden. Die aufgenommenen Meßdaten (Stauchkraft und Höhenabnahme) werden mittels eines Auswerteprogramms auf einem einfachen Rechner (PC) direkt in die Fließkurve umgerechnet. Somit kann der Flachstauchversuch leicht in die Fertigung eingegliedert werden, da mit ihm die Fließkurve eines Werkstoffes oder einer neuen Charge schnell ermittelt werden kann.

Durch die Weiterentwicklung des Flachstauchversuches wird die Ermittlung von Fließkurven in einem größeren Wertebereich ermöglicht und damit die quantitative Beschreibung von Umformvorgängen im Bereich höherer Umformgrade verbessert.

Des weiteren wurde ein modifizierter *Zugversuch* als neue Variante der Fließkurvenaufnahme untersucht und mit der konventionellen Vorgehensweise verglichen. Ziel der Untersuchung war die homogene Umformung bis zu hohen Umformgraden, die Verbesserung der Genauigkeit im Bereich oberhalb der Gleichmaßdehnung und die Steigerung der Umformgeschwindigkeit auf konventionellen Zugprüfmaschinen.

Die Verwendung von kurzen und gekerbten Proben wurde theoretisch und experimentell untersucht und mit Versuchsergebnissen an DIN-Proben verglichen. Die Versuche zielten auf eine Optimierung der Probengeometrie durch Variation von Kerbradius und Probenkopfdurchmesser der gekerbten Probe ab. Kriterien der Optimierung waren die Homogenität der Formänderungsverteilung sowie die Kerbwirkung, aber auch die dadurch bedingten Auswirkungen auf die Fließkurvenaufnahme. Die Optimierung wurde mit Finite-Elemente-Berechnungen durchgeführt und durch Versuche verifiziert. Durch die Messung der Härteverteilung wurde die Homogenität der Umformung untersucht. Durch die FEM-Rechnungen konnten Aussagen über die Spannungs- und Formänderungsverteilung in der Probe, die Homogenität der Umformung, die Mehrachsigkeit und die Kerbwirkung als Funktion der Geometrie gemacht werden. Es wurden Möglichkeiten und Grenzen des Kerbzugversuches aufgezeigt.

Die Auswertung des Versuches mit Hilfe der Durchmessermessung ergab recht gute Ergebnisse bei Verwendung eines neuen Korrekturfaktors zur Umrechnung des im Zugversuch ermittelten Umformwiderstandes auf die tatsächliche Fließspannung. Dieser Korrekturfaktor berücksichtigt die Einflußgrößen Kerbradius, Probenkopfdurchmesser (bzw. Kerbtiefe) und Werkstoff.
Gegenüber dem in der DIN für ungekerbte Rundstäbe genormten Zugversuch konnte mit gekerbten Proben der Bereich für den Umformgrad, in welchem die Fließkurve bestimmt werden kann, auf etwa das Fünffache erweitert werden. Zugleich wird eine etwa 10-fache Steigerung der Umformgeschwindigkeit möglich.

Die Ergebnisse der Untersuchung bestätigen, daß zur Bestimmung der Fließkurve im Zugversuch bei kleinen Umformgraden (bis zur Gleichmaßdehnung) die herkömmliche DIN-Probe anderen Probenformen überlegen ist. Werden jedoch höhere Umformgrade angestrebt, so sollte eine gekerbte Zugprobe eingesetzt werden, zumal bei der DIN-Probe der Ort der Einschnürung nicht vorhergesagt werden kann.

Der Zugversuch mit gekerbten Proben ist verhältnismäßig einfach durchführbar. Benötigt wird nur eine handelsübliche Zugprüfmaschine und eine neu entwickelte, aber einfache Vorrichtung zur Durchmessermessung. Die aufgezeichneten Meßdaten (Zugkraft und Duchmesseränderung) werden mittels eines Auswerteprogramms auf einem einfachen Rechner (PC) direkt in die Fließkurve umgerechnet. Der Umformgrad läßt sich aufgrund von Durchmessermessungen recht genau bis zum Bruch bestimmen. Die gekerbten Proben sind billig, schnell und einfach auf CNC-Drehmaschinen zu fertigen.

Die heute in der Werkstoffprüfung eingesetzten Maschinen und Vorrichtungen liefern immer genauere Meßergebnisse. Die Rechner zur Auswertung der Meßdaten werden immer leistungsfähiger. Bei der bisherigen Auswertung der Ergebnisse aus Zugversuchen bis zu hohen Umformgraden (nach Überschreiten der Gleichmaßdehnung) mit Korrekturfaktoren (z.B. Siebel oder Bridgman) treten Ungenauigkeiten auf; zudem muß der Versuch mehrfach unterbrochen werden, um die Probenkontur auszumessen.
Die durchgeführte Untersuchung ist ein Beitrag dazu, die Genauigkeit der Aufnahme von Fließkurven im Zugversuch bis zu hohen Umformgraden zu verbessern. Das entwickelte Meßprinzip hat sich bewährt. Der experimentelle Aufwand konnte gegenüber den herkömmlichen Methoden wie der mechanischen Abtastung der Probenkontur während des Versuchs, der optischen Aufzeichnung der Probenkontur oder der Ausmessung der Probenkontur bei einer Unterbrechung des Versuches deutlich reduziert werden. Ebenso wurde auch die Zuverlässigkeit der Ergebnisse verbessert. Wesentliche Vorteile der Durchmessermessung sind die Unabhängigkeit des Meßergebnisses von der elastischen Verformung der Einspannvorrichtung sowie die Möglichkeit, an der Stelle des Werkstückes, wo homogene Umformung besteht, die Formänderungen bestimmen zu können. Da die Formänderungsverteilung in der Kerbe stark von der Probenform abhängt, ist die Wahl der geeigneten Probengeometrie sehr wichtig.

Die einfachen Methoden zur Fließkurvenaufnahme bis zu hohen Umformgraden durch den Flachstauchversuch mit abgerundeten Stempelkanten oder den Zugversuch mit gekerbten Proben sind von unmittelbarem Nutzen für die industrielle Praxis, weil damit die Fließspannung bis zu den in der Massivumformung üblichen hohen Umformgraden kontinuierlich ohne Extrapolation ermittelt werden kann.

Schrifttum

[1] Kopp, R; de Souza, M.M.; Rogall, C.-M.: Influence of flow stress accuracy on the results of metal forming processes. Steel research 59 (1988) 1, S.25-30.

[2] Hirt, G.; Altan, T.: Metal flow in compression of tubular parts: predictions made with different computer programs and effect of flow stress data. steel research 60 (1989) 5, S.201-207.

[3] Saeed. I.: Untersuchungen über die Streuung und Anwendung von Fließkurven. Dr.-Ing. Diss., Universität Hannover, 1984.

[4] Pöhlandt, K.: Werkstoffprüfung für die Umformtechnik. Berlin, Heidelberg, New York, London, Paris, Tokyo. Springer 1986.

[5] Doege, E.; Meyer-Nolkemper, H.; Saeed, I.: Fließkurvenatlas metallischer Werkstoffe. München, Wien. Carl Hanser 1986.

[6] Lange, K.: Umformtechnik - Handbuch für Industrie und Wissenschaft. Band 1, Grundlagen. 2. Auflage. Berlin, Heidelberg, New York, Tokyo. Springer 1984.

[7] Herbertz, R.; Wiegels, H.: Der Unterschied zwischen Zug- und Druckfließkurve gedeutet durch den hydrostatischen Druckeinfluß. Arch. Eisenhüttenwes. 51 (1980), S.413-416.

[8] Reihle, M.: Ein einfaches Verfahren zur Aufnahme der Fließkurve von Stahl bei Raumtemperatur. Arch. Eisenhüttenwes. 32 (1961), S.331-336.

[9] Reichel, U.: Analyse des Verfestigungsverhaltens von Stählen anhand phänomenologischer Modelle. Dr.-Ing. Diss., TH Aachen, 1988.

[10] Pries, C.-D.: Beitrag zur Steigerung der Berechnungsgenauigkeit beim Tiefziehen zylindrischer und rechteckiger Werkstücke mit elementaren Ansätzen. Dr.Ing.-Diss., Uni d. BW Hamburg 1987.

[11] DIN EN 10 002: Zugversuch, April 1991.

[12] Stahl-Eisen-Prüfblatt 1123: Zylinderstauchversuch zur Ermittlung von Kaltfließkurven. 2.Ausg., August 1986.

[13] Watts, A.B.; Ford, H.: On the Basic Yield Stress Curve for a Metal. Proc. Inst. Mech. Engrs. 169 (1955), S.1141-1152.

[14] Nadai, A.: Plasticity. New York, London, 1931.

[15] Orowan, E.: Proc. Inst. Mech. Engrs. 157 (1943), S.140-167.

[16] Krause, U.: Vergleich verschiedener Verfahren zur Bestimmung der Formänderungsfestigkeit bei der Kaltumformung. Dr.-Ing. Diss. TH Hannover, 1962.

[17] Vollmer, J.: Messung der Formänderungsfestigkeit metallischer Werkstoffe vornehmlich bei großen Formänderungen und großen Formänderungsgeschwindigkeiten. Dr.-Ing. Diss., TU Hannover, 1969.

[18] Kaspar, R.; Streißelberger, A.; Peichl, L.; Pawelski, O.: Fortgeschrittene Technik der Warmumformsimulation. Z.Werkstofftech. 14 (1983) 8, S.272-277.

[19] Pawelski, O.: Theoretische Grundlagen des Freiformschmiedens. Stahl und Eisen 97 (1977) 4, S.158-163 und 209-212.

[20] Pawelski, O.; Rüdiger, U.; Kaspar, R.: Der Warmumformsimulator des Max-Planck-Instituts für Eisenforschung - ein neues Konzept zur Erforschung schneller Warmumformvorgänge. Stahl und Eisen 98 (1978) 5, S.181-189.

[21] Streißelberger, A.; Peichl, L.; Kaspar, R.; Pawelski, O.: Auswertung und metallkundliche Aussagen rechnergesteuerter Warmflachstauchversuche. Z. Werkstofftechnik 14 (1983), S.305-310.

[22] Kapellner, W.; Kaspar, R.; Pawelski, O.: Bestimmung von Fließkurven mit dem Warmflachstauchversuch. Steel Research 57 (1986) 6, S.256-261.

[23] Pawelski, O.; Kaspar, R.: Laboratory Simulation of the Termomechanical Processing of Steel. Materialprüfung 30 (1988) 11-12, S.357-360.

[24] Distl, J.S.; Streißelberger, A.; Kaspar, R.; Zeislmair, U.: Messung mechanischer Eigenschaften an flachgestauchten Proben nach Simulation des TM-(thermomechanischen) Walzens. Materialprüfung 27(1985) 5, S.131-135.

[25] Distl, J.S.: Untersuchung der grundlegenden Einflüsse der Verfahrensparameter bei der thermomechanischen Behandlung auf Gefüge und mechanische Eigenschaften mikrolegierter Grobbleche. Dr.Ing.-Diss, TU Aachen 1987.

[26] Thomason, P.-F.; Fogg, B.; Chisholm, A.W.J.: The Effect of Temperature and Strain Rate on the Yield Stress-Strain Relationships for Alloy Steels. Univ. of Salford, Dept. of Mech. Eng., Research Report No. 69/33, Salford/England May 1969.

[27] Lonn, A.H.; Schey, J.A: Development of the Plain-Strain Compression Test. Catepillar Tractor Co., Peoria, Illinois 61602. S. 165-178.

[28] Takahashi, H.; Alexander, J.M.: Friction in the Plane-Strain Compression Test. Journal of the Institute of Metalls 90 (1961) 62, S.72-79.

[29] Kubie, J.; Delamare, F.: Mesure de la contrainte d'ecoulement en compression d'un materiau par bipoinconnement. Application a une tole d'acier. Memoires et Etudes Scientifiques Revue de Metallurgie 4 (1981), S.201-207.

[30] DIN 51 221: Zugprüfmaschinen, August 1960.

[31] Bauer, D.: Grundversuche der Metallumformung. Metall, 32(1978), S.776-781.

[32] Küppers, W.; Schmidt, W.: Beurteilung der Kaltverfestigung und ihrer Auswirkung auf das Umformverhalten austenitischer nichtrostender Feinbleche. Bänder Bleche Rohre 18 (1977), S.309-311.

[33] Schmidt, W.: Der Einfluß von Spannungszustand und Spannungsverteilung auf die mechanischen Eigenschaften von Stählen. Blech Rohre Profile, 38 (1991) 4, S.296-302.

[34] Siebel, E.: Formänderungsfestigkeit und Spannungsverteilung im eingeschnürten Stabe. Bericht des Werkstoffausschusses des Vereins deutscher Eisenhüttenleute (VDEh) No.71, 1925.

[35] Davidenkov, N.N.: Spiridonova, N.I.: Mechanical methods of testing-analysis of the state of stress in the neck of a tension test specimen. Proc. ASTM, 46 (1946), S.1147-1158.

[36] Bridgman, P.W.: Studies in Large Plastic Flow and Fracture. McGraw-Hill Book Company, Inc., New York, 1952.

[37] Troost, A.: Einführung in die allgemeine Werkstoffkunde metallischer Werkstoffe Bd. I,. Mannheim, Wien, Zürich: Bibliographisches Institut, Wissenschaftsverlag, 1980.

[38] Stahl-Eisen-Prüfblatt 1100E: Begriffsbestimmungen auf dem Gebiet des Verformungs- und Bruchverhaltens metallischer Werkstoffe. Dezember 1978.

[39] Siebel, E.; Schwaigerer, S.: Zur Mechanik des Zugversuches. Arch. Eisenhüttenwes. 19 (1948), S.145-152.

[40] Lange, G.: Vereinfachte Ermittlung der Fließkurven metallischer Werkstoffe im Zugversuch während der Einschnürung der Probe. Arch. Eisenhüttenwes. 45 (1974), S.809-812.

[41] Siebel, E.; Pomp, A.: Mitt. K.-Wilh.-Inst. für Eisenforschung 11 (1929), S.139-153. bzw. Stahl u. Eisen 49 (1929), S.951-953 und 52 (1932), S.119-122.

[42] Sachs, G.: Mitt. Mat. Prüf. Anst. 1931, Sonderh. 16, S.5-10.

[43] Mellor, P.B.: J. Mech. Phys. Solids 5 (1956/57), S.41-56.

[44] Panknin, W.; Möhrlin, W.: Die Ermittlung der Fließkurven von Schraubenwerkstoffen. Köln/Opladen 1958. (Forschungsbericht des Wirtschafts- und Verkehrsministeriums Nordrhein-Westfalen Nr. 628).

[45] Hinkfoth, R.: Die experimentelle Ermittlung der Fließspannung für sehr hohe Umformgrade bei Kaltformgebung. Neue Hütte, 32 (1987) 10, S. 391-393.

[46] Varga, T.: Eisenwerkstoffe und ihre Prüfung. Blaue TR-Reihe, Heft 125, Verlag "Technische Rundschau", 1975, S.68.

[47] Ismar, H.; Mahrenholtz, O.: Technische Plastomechanik. Braunschweig, Wiesbaden: Vieweg 1979.

[48] Hill, R.: The Mathematical Theory of Plasticity. Oxford: Clarendon Press, 1950.

[49] Lange, K.: Umformtechnik, Bd 2, 2.Aufl. Berlin, Heidelberg, New York, Tokyo: Springer 1988.

[50] Spur, G.; Stöferle, Th.: Handbuch der Fertigungstechnik, Umformen, Bd 2/1. München, Wien: Carl Hanser 1981.

[51] Wilhelm, M.; Keck, P.: FE-Methoden als Werkzeug zur Stofffflußbetrachtung in der Massivumformung. Seminar: Neuere Entwicklungen in der Massivumformung. Forschungsgesellschaft Umformtechnik, Stuttgart, 6-7 Juni 1989, S.16/1-16/18.

[52] Herrmann, M.: Beitrag zur Berechnung von Vorgängen der Blechumformung mit der Methode der Finiten Elemente. Dr.-Ing. Diss. Berlin, Heidelberg, New York, London. Springer, 1991.

[53] Prandtl, L.: Practical application of the Hencky equation to plastic equilibrium. Zeitschr. angewandte Math. Mech. 3 (1923), S.401.

[54] Prager, W.; Hodge, P.G.: Theorie ideal plastischer Körper. Wien: Springer, 1954.

[55] Sokolovskij, V.V.: Theorie der Plastizität. Berlin: VEB Verlag Technik, 1955.

[56] Unksov, E.P.: An Engineering Theory Of Plasticity. London: Butterworths, 1961.

[57] Backofen, W.A.: Deformation Processing. Reading, Massachusetts: Addison-Wesley Publishing Company 1972.

[58] Johnson, W.: Plasticity for Mechanical Engineers. London, Toronto, New York: D. van Nostrand Company LTD 1962.

[59] Green, A.P.: A theoretical investigation of the compression of a ductile material between smooth flat plates. Phil. Mag. 42 (1951), S. 900-918.

[60] Bishop, J.F.W.: On The Effect of Friction on Compression and indentation Between Flat Dies. Journal of the Mechanics and Physics of Solids 6 (1958), S.132-144.

[61] Colas, R.; Sellars, C. M.: Strain Distribution and Temperature Increase During Plane Strain Compression Testing. Journal of Testing and Evaluation. JTEVA 15 (1967) 6, S.342-349.

[62] Das, N.S; Banerjee, J.: Plane Strain Compression of Rigid-Perfectly Plastic Strip Between Parallel Dies With Slipping Friction. Journal of Applied Mechanics 46 (1979) 6, S. 317-321.

[63] Kopp, R; Cho, M.-L.: Influence of boundary on results of the finite-element-simulation. Steel research 59 (1988) 4, S.165-170.

[64] Kopp, R.; Baldner, K.-R.; Ji, W.; Nieschwitz, P.-J.: Einfluß des Sattelkantenradius beim Recken. Stahl u. Eisen 108 (1988) 19, S.901-905.

[65] Johnson, W.; Sowerby, R.; Venter, R.D.: Plane strain slip line fields for metal deformation processes. Oxford, New York, Toronto, Sydney, Paris, Frankfurt. Pergamon Press, 1982.

[66] Hill, R.; Lee, E.H.; Tupper, S.J.: The theory of wedge indentation of ductile materials. Proc. Royal Soc. London (A) 188 (1947), S.273-289.

[67] Ji, W.: Beitrag zur Herstellung fehlerfreie Schmiedeblöcke durch das Reckschmieden. Dr.-Ing. Diss. TH Aachen. Umformtechnische Schriften, Band 22. Verlag Stahleisen, Düsseldorf, 1989.

[68] Oberländer, T.F.: Ermittlung der Fließkurven und der Anisotropie-Eigenschaften metallischer Werkstoffe im Rastegaev-Stauchversuch. Dr.-Ing. Diss. Berichte aus dem Institut für Umformtechnik, Universität Stuttgart, Nr. 109. Berlin, Heidelberg, New York, London. Springer, 1990.

[69] DIN 50 133: Prüfung metallischer Werkstoffe. Härteprüfung nach Vickers, Bereich HV 0,2 bis HV 100, Februar 1985.

[70] Neuber, H.: Kerbspannungslehre. 3. Auflage. Berlin, Heidelberg, New York: Springer Verlag, 1985.

[71] Wilhelm, H.: Untersuchungen über den Zusammenhang zwischen Vickers-Härte und Vergleichsformänderung bei Kaltumformvorgängen. Berichte aus dem Institut für Umformtechnik, Universität Stuttgart, Nr. 9. Essen, Girardet, 1969.

[72] DIN 50 150: Umrechnung Vickers-Härte in Spannungen.

[73] Dietmann, H.: Einfluß des Spannungszustandes auf das Festigkeitsverhalten gekerbter Zugstäbe aus Stahl. Dr.-Ing. Diss., TH Stuttgart, 1964.

[74] Kußmaul, K.; Roos, E.: Mehrachsigkeitszahlen und deren Nutzbarkeit in der Festigkeitsberechnung. Mat.-wiss. und Werkstofftech. 22 (1991) S.245-251.

[75] Schnadt, H.M.: Neue Prüfmethoden von Stählen und Schweißwerkstoffen für große Schweißkonstruktionen. Oerlikon Schweißmitteilungen 15 (1957).

[76] Wever, F.; Kochendörfer, A.; Rohrbach, C.: Kennzeichnung der Sprödbruchneigung von Stählen durch Messung der Fließspannung, Reißspannung und Brucheinschnürung an dreiachsig beanspruchten Proben. Köln/Opladen 1955. (Forschungsbericht des Wirtschafts- und Verkehrsministeriums Nordrhein-Westfalen Nr. 162).

[77] Kochendörfer, A.; Scholl, H.: Die Sprödbruchneigung von Stählen in Abhängigkeit von Spannungszustand und Temperatur. Stahl und Eisen 77 (1957) S. 1006-1018.

[78] Kochendörfer, A.; Schürenkämper, A.: Der Einfluß des Spannungszustandes auf das Formänderungs- und Festigkeitsverhalten von Stählen. Schweizer Archiv 25 (1959) S.272-279.

[79] Clausmeyer, H.: Über die Versprödung von Stahl unter mehrachsiger Beanspruchung. Habilitationsschrift D17, TH Darmstadt, 1967.

[80] Clausmeyer, H.: Über die Beanspruchung von Stahl bei mehrachsigen Spannungszuständen. Konstruktion 20 (1968) 10, S.395-401.

[81] Wellinger, K.; Dietmann, H.: Festigkeitsberechnung - Grundlagen und technische Anwendung. 3. Auflage. Stuttgart: Körner Verlag. 1976.

[82] Ramaekers, J.A.H.; Houtackers, L.J.A.; Peeters, P.B.G.: Plastisch bewerken van metalen. OMTEC Stichting voor Mechanische Omvormtechnologie. Mierlo, 1989.

[83] Becker, N.; Pöhlandt, K.: Weiterentwicklung des Zugversuches zur Aufnahme der Fließkurven metallischer Werkstoffe. DVM-Tagung, "Werkstoffprüfung 90", Bad Nauheim, 6-7 Dezember 1990. S.413-423.

[84] Becker, N.; Pöhlandt, K.: Weiterentwicklung des Zugversuches zur Aufnahme von Fließkurven. Proceedings of the 5th ICMF, "Metal Forming. Theory and Practice." Györ, 19-21 June 1991. S. M61-M71.

[85] Czoboly, E.: Bestimmung der Fließkurve im Zugversuch bei beliebigen Temperaturen. Materialprüfung, 14 (1972) 1, S.11-14.

[86] Fang, X.F.; Dahl, W.: Bestimmung der wahren Spannungsdehnungskurve im Bereich größerer Verformung und Untersuchung des Verfestigungsverhaltens von Stählen. DVM-Tagung, "Werkstoffprüfung 90", Bad Nauheim, 6-7 Dezember 1990. S.367-377.

[87] Galenkamp, H.; Wijngaarden, H.v.: Determining the von Mises stress from the neck of a tensile-test specimen. Philips Tech. Rev., 42(1985), S.11-19.

[88] Loveday, M.S.: Practical Aspects of testing Circumferential Notch Specimens at High Temperature. Chapter 10 in: Gooch, D.J.; How, F.M.: Techniques for multiaxial creep testing. Elsevier Applied Science, London and New York, 1985, S.177-197.

[89] Majima, T.; Furnhawa, A.: Stress and strain distributions in plastically deformed notched bars. Journal of Strain Analysis 25 (1990) 2.

[90] Schultz, C.C.; Zien, H.M.: Verification of Specimens for Low-Cycle Fatigue and Cyclic Plasticity Testing Journal of Pressure Vessel Technology, 101(1979)11, S.321-327.

[91] Metwalli, S.M. et al.: Determination of Plastic Stree-Strain Behavior by Digital-Image-Processing Techniques. Experimental Mechanics, December 1987, S.414-422.

[92] Elfmark, J.; Stanek, P.: Analysis of tensile test beyond the ultimate tensile strength. Journal of Materials Processing Technology, 34 (1992), S.211-217.

[93] Shaw, M.C.: Metal Cutting Principles. Claredon Press, Oxford, 1984, S.67.

[94] Boyer: Atlas of Stress-Strain Curves. ASM International, 1987, S.125.

[95] Becker, N.; Pöhlandt, K.: Weiterentwicklung des Flachstauchversuches zum Aufnehmen von Fließkurven. Materialprüfung 31 (1989) 7-8, S.230-234.

[96] Becker, N.; Pöhlandt, K.: Improvement of the plane-strain compression test for determining flow curves. Annals of the CIRP, 38/1/1989, S.227-230.

[97] Wöhr, A.: Rechnergestützte Fertigung von Sonderprofilen auf der Radialumformmaschine. Dr.-Ing. Diss., Berichte aus dem Institut für Umformtechnik, Universität Stuttgart, Nr. 96. Berlin, Heidelberg, New York, London, Springer, 1988.

[98] Matthies, H.; Strang, G.: The Solution of Nonlinear Finite Element Equations. Int. J. Num. Meth. Eng. 14 (1979), S.1613-1626.

Anhang zur Theorie des Flachstauchversuches

A1: Werkstofffluß

Beim Flachstauchversuch ist ein ebener Formänderungszustand gegeben. Der durch die Stauchstempel verdrängte Werkstoff (in z-Richtung) fließt nur seitlich von den Stempeln weg (in x-Richtung) (Bild A1). In Längsrichtung (y-Richtung) gibt es keinen Werkstofffluß.

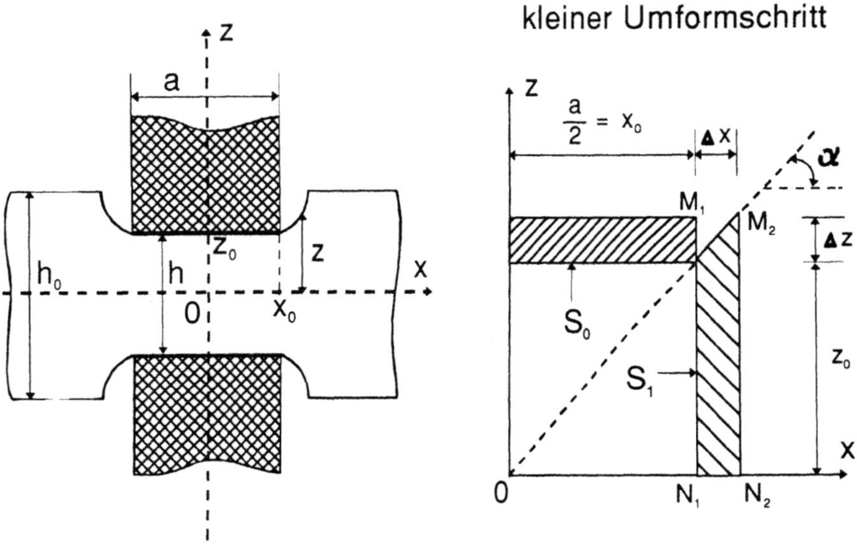

Bild A1: Idealisierter Werkstofffluß beim Flachstauchversuch (nach [97]).

In Bild A1 wird das Eindringen der Stauchstempel in die Probe dargestellt. Der Werkstoff fließt seitlich unter einem Winkel α weg. Dieser Winkel ist abhängig von den geometrischen Verhältnissen wie Stempelbreite *a* und Probenhöhe *h*. Für unterschiedliche Verhältnisse dieser Parameter bilden sich unterschiedliche Konturen für den Werkstofffluß aus. Bei den Versuchen mit abgerundeten Stempelkanten ist die Kenntnis der Konturlinie zur Berechnung der wirksame Stempelbreite erforderlich. Die Konturlinie *z* kann wie folgt berechnet werden:

Es wird, wie in den Grundlagen der elementaren Theorie [47] und auch in [97] angenommen, daß es keine Querschnittsverwölbungen während des Versuches gibt, d.h. die Linie M_1N_1 wird während des Umformvorgangs nur um Δx zu M_2N_2 axial verschoben (siehe Bild A1, rechts). Die unter dem Stauchstempel verdrängte Fläche S_0 ist dann gleich der Fläche S_1.

$$\frac{a}{2}\,\Delta z = z\,\Delta x + \frac{\Delta z\,\Delta x}{2} \tag{A1-1}$$

Für kleine Umformschritte kann das Produkt der kleinen Wege Δx und Δz vernachlässigt werden:

$$\frac{\Delta z\,\Delta x}{2} << z\,\Delta x \tag{A1-2}$$

Daraus folgt dann:

$$a\,\Delta z = 2\,z\,\Delta x \tag{A1-3}$$

Die Steigung der Geraden ist:

$$\tan\alpha = \frac{\Delta z}{\Delta x} = \frac{2\,z}{a} \tag{A1-4}$$

Durch das Ersetzen von Δx und Δz durch *dx* und *dz* erhält man:

$$\frac{dz}{dx} = \frac{2\,z}{a} \tag{A1-5}$$

oder

$$\frac{a}{2}\,\frac{dz}{z} = dx \tag{A1-6}$$

Die Lösung der Differentialgleichung ergibt:

$$\frac{a}{2}\,\ln z = x + B \tag{A1-7}$$

mit der Integrationskonstanten ***B***

$$B = \frac{a}{2}\,\ln z_0 - x_0 \tag{A1-8}$$

Die Konturlinie läßt sich dann durch folgende Gleichung beschreiben:

$$z = e^{\frac{2}{a}(x+B)} \tag{A1-9}$$

A2: Längungsfaktor

Die zunächst gemachte Annahme einer ebenen Formänderung ist nicht in völliger Strenge erfüllt. Es wird eine Längung der Probe beobachtet (in Bild A2 übertrieben dargestellt). Dadurch vergrößert sich die belastete Fläche. Um dies bei der Auswertung der Meßergebnisse zu berücksichtigen, wird eine Verlängerung der Probe von der Anfangslänge l_0 auf eine momentane Länge l angenommen. Die Verlängerung der Probe wird im Auswerteprogramm berücksichtigt. Die augenblickliche Probenlänge für jeden Meßpunkt wird als Funktion der momentanen Probenhöhe mit folgender Formel berechnet:

$$l = l_0 + LF \ (h_0 - h_1) \tag{A2-1}$$

Dabei stellt LF den Längungsfaktor dar. Er wird für jeden Versuch wie folgt berechnet:
Die Probenlänge wie auch die Probenhöhe vor und nach dem Stauchen (l_0, l_1, h_0, h_1) werden gemessen. Aus der Probenlänge vor und nach dem Stauchen (l_0, l_1) wird eine mittlere Länge l_m so berechnet, daß die Fläche des Rechtecks der Länge l_m gleich der Fläche des Rechtecks l_0 und der beiden Kreissegmente ist (Bild A2).
Nach [50] ist:

$$l_m = \frac{l_0 + 2\,l_1}{3} \tag{A2-2}$$

Der Längungsfaktor wird dadurch berechnet, daß die Verlängerung der Probe auf den Stauchweg bezogen wird.

$$LF = \frac{\Delta l}{\Delta h} = \frac{l_m - l_0}{h_0 - h_1} \tag{A2-3}$$

Durch das Ersetzen von l_m mit Gl. (A2-2) ergibt sich zur Berechnung des Längungsfaktors aus den vor und nach dem Stauchversuch gemessenen Werten die folgende Gleichung:

$$LF = \frac{2}{3}\,\frac{l_1 - l_0}{h_0 - h_1} \tag{A2-4}$$

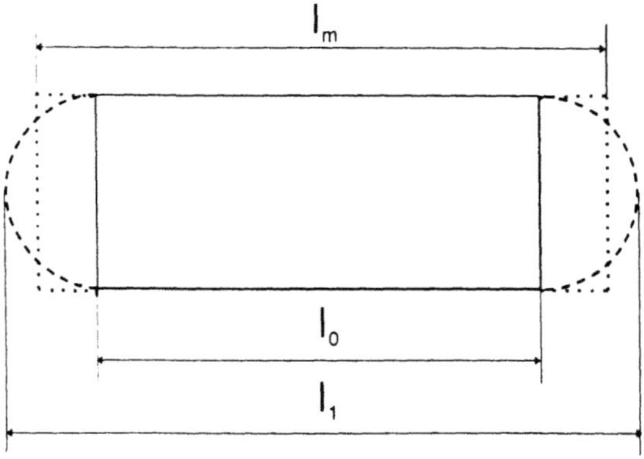

Bild A2: Berechnung des Längungsfaktors beim Flachstauchversuch

A3: Analytische Ermittlung der Reibungszahl

Während des Flachstauchversuches wird ein Umformwiderstand k_w gemessen, der sich als Funktion der Fließspannung wie folgt ausdrücken läßt (siehe Gl. 34):

$$k_w = k_f \; (1+\frac{1}{4}\tan\alpha) \; \frac{1}{\mu} \; \frac{h}{a} \; (e^{\mu \frac{a}{h}} - 1) \qquad \text{(A3-1)}$$

Aus den Versuchen mit unterschiedlichen Stempelgeometrien (unterschiedliche Stempelbreite und/oder unterschiedlicher Stempelkantenradius) erhält man, bedingt durch den unterschiedlichen Reibungs- und Schiebungsanteil, unterschiedliche Kurven für den Umformwiderstand (s.a. Bild 15 und Bild 28).

Um den Reibungsanteil rechnerisch aus dem Umformwiderstand zu eliminieren, muß die Reibungszahl μ bekannt sein. Um sie zu ermitteln wird wie folgt vorgegangen: Die Stauchversuche werden einmal mit schmalen Stempeln (a=6mm) und einmal mit breiten Stempeln (a=12mm) durchgeführt. Dadurch erhält man zwei Kurven (k_{w1} und k_{w2}) für den Umformwiderstand:

$$k_{w_1} = k_f \; (1+\frac{1}{4}\tan\alpha_1) \; \frac{1}{\mu} \; \frac{h_1}{a_1} \; (e^{\mu \frac{a_1}{h_1}} - 1) \qquad \text{(A3-2)}$$

$$k_{w_2} = k_f \; (1+\frac{1}{4}\tan\alpha_2) \; \frac{1}{\mu} \; \frac{h_2}{a_2} \; (e^{\mu \frac{a_2}{h_2}} - 1) \qquad \text{(A3-3)}$$

Aus beiden Kurven für den Umformwiderstand muß sich durch korrektes Eliminieren des Reibungs- und Schiebungsanteils die gleiche Fließkurve berechnen lassen:

$$k_f = \frac{k_{w_1}}{(1+\frac{1}{4}\tan\alpha_1)\frac{1}{\mu}\frac{h_1}{a_1}(e^{\mu \frac{a_1}{h_1}} - 1)} = \frac{k_{w_2}}{(1+\frac{1}{4}\tan\alpha_2)\frac{1}{\mu}\frac{h_2}{a_2}(e^{\mu \frac{a_2}{h_2}} - 1)} \qquad \text{(A3-4)}$$

Daher kann für jeden Umformgrad die Reibungszahl μ berechnet werden, die notwendig ist, um aus den zwei Meßpunkten des Umformwiderstandes (k_{w1} und k_{w2}) die gleiche Fließspannung zu erhalten.

Aus Gl. (A3-4) ergibt sich für das Verhältnis der durch zwei Versuche ermittelten Umformwiderstände:

$$\frac{k_{w_1}}{k_{w_2}} = \frac{(1+\frac{1}{4}\tan\alpha_1)\ \frac{1}{\mu}\frac{h_1}{a_1}\ (e^{\mu\frac{a_1}{h_1}}-1)}{(1+\frac{1}{4}\tan\alpha_2)\frac{1}{\mu}\frac{h_2}{a_2}\ (e^{\mu\frac{a_2}{h_2}}-1)} \qquad \text{(A3-5)}$$

Nun werden die Glieder, die die Reibungszahl enthalten, isoliert.

$$\frac{k_{w_1}}{k_{w_2}}\ \frac{(1+\frac{1}{4}\tan\alpha_2)}{(1+\frac{1}{4}\tan\alpha_1)}\ \frac{\frac{h_2}{a_2}}{\frac{h_1}{a_1}} = \frac{\frac{1}{\mu}(e^{\mu\frac{a_1}{h_1}}-1)}{\frac{1}{\mu}(e^{\mu\frac{a_2}{h_2}}-1)} \qquad \text{(A3-6)}$$

$$\frac{k_{w_1}}{k_{w_2}}\ \frac{\frac{4+\tan\alpha_2}{4}}{\frac{4+\tan\alpha_1}{4}}\ \frac{a_1}{h_1}\ \frac{h_2}{a_2} = \frac{e^{\mu\frac{a_1}{h_1}}-1}{e^{\mu\frac{a_2}{h_2}}-1} \qquad \text{(A3-7)}$$

Im folgenden wird das Produkt der Verhältnisse, die die Reibungszahl nicht enthalten, mit "**V**" bezeichnet.

$$V = \frac{k_{w_1}}{k_{w_2}}\ \frac{a_1}{h_1}\ \frac{h_2}{a_2}\ \frac{4+\tan\alpha_2}{4+\tan\alpha_1} \qquad \text{(A3-8)}$$

Daraus ergibt sich:

$$\frac{e^{\mu\frac{a_1}{h_1}}-1}{e^{\mu\frac{a_2}{h_2}}-1} = V \qquad \text{(A3-9)}$$

oder:

$$e^{\mu\frac{a_1}{h_1}}-1 = V\ e^{\mu\frac{a_2}{h_2}} - V \qquad \text{(A3-10)}$$

Die Reibungszahl μ läßt sich nun aus folgender Gleichung berechnen:

$$e^{\mu \frac{a_1}{h_1}} - V\, e^{\mu \frac{a_2}{h_2}} + V - 1 = 0 \qquad \text{(A3-11)}$$

Die Gleichung (A3-11) wird iterativ mit Hilfe eines Rechenprogramms gelöst. Die Nullstellensuche erfolgt dabei in einem vorher vorgegebenen Bereich nach dem Illinois Algorithmus [98].

Berichte aus dem Institut für Umformtechnik der Universität Stuttgart

Herausgeber: Professor em. Dr.-Ing. Dr. h.c. Kurt Lange

1 **Untersuchung uber den Einfluß der Belastungszeit auf die Streuung der Rückfederung von Biegeteilen**
Von Dipl.-Ing. Klaus Tafel. 70 Seiten Text u. 64 Seiten mit 49 Bildern u. 15 Tafeln. Vergriffen

2/3 **Untersuchungen über das freie Napfen**
Von Dipl.-Ing. Gerhard Schmitt und Dipl.-Ing. Dieter Schmoeckel.
Untersuchungen über den Kraft- und Arbeitsbedarf sowie den Umformwirkungsgrad beim Vorwärts-Vollfließpressen von Stahl
Von Dipl.-Ing. Dieter Kast. 40 Seiten Text u. 43 Seiten mit 47 Bildern u. 5 Tafeln. 28,— DM

4 **Untersuchungen über die Werkzeuggestaltung beim Vorwärts-Hohlfließpressen von Stahl und Nichteisenmetallen**
Von Dipl.-Ing. Dieter Schmoeckel. 72 Seiten Text u. 117 Seiten mit 179 Bildern. 39,— DM

5 **Untersuchungen über das Stauchen und Zapfenpressen**
Von Dipl.-Ing. Marten Burgdorf. 126 Seiten Text u. 58 Seiten mit 138 Bildern u. 4 Tafeln. 55,— DM

6 **Untersuchungen über die Streuung der Kräfte und Arbeiten beim Fließpressen in der laufenden Fertigung und den Einfluß der Phosphatschichtdicke und des Schmiermittels**
Von Dipl.-Ing. Hans-Dietrich Witte. 38 Seiten Text u. 48 Seiten mit 49 Bildern. 30,— DM

7 **Untersuchungen über das Rückwärts-Napffließpressen von Stahl bei Raumtemperatur**
Von Dipl.-Ing. Gerhard Schmitt. 132 Seiten Text u. 93 Seiten mit 130 Bildern u. 5 Tafeln. 34,— DM

8 **Die Abbildegenauigkeit beim Biegen im 90°-V-Gesenk und ihre Beeinflussung durch Nachdrücken im Gesenk**
Von Dipl.-Ing. Eckart Dannenmann. 50 Seiten Text u. 31 Seiten mit 28 Bildern u. 1 Tafel. Vergriffen

9 **Untersuchungen über den Zusammenhang zwischen Vickershärte und Vergleichsformänderung bei Kaltumformvorgängen**
Von Dipl.-Ing. Hans Wilhelm. 50 Seiten Text u. 35 Seiten mit 37 Bildern u. 2 Tafeln. Vergriffen

10 **Untersuchungen über das Abstreckziehen von zylindrischen Hohlkörpern bei Raumtemperatur**
Von Dipl.-Ing. Rolf K. Busch. 86 Seiten Text u. 92 Seiten mit 97 Bildern. Vergriffen

11 **Vorgänge beim elektromagnetischen und elektrohydraulischen Umformen von metallischen Werkstücken**
Von Dipl.-Ing. Herbert Müller. 90 Seiten Text u. 110 Seiten mit 93 Bildern u. 10 Tafeln. 22,— DM

12 **Ein Verfahren zur näherungsweisen Berechnung des Spannungs- und Formänderungszustandes beim Fließen starrplastischer Werkstoffe**
Von Dipl.-Ing. Gerhard Adler. 124 Seiten Text u. 76 Seiten mit 72 Bildern. Vergriffen

13 **Modellgesetzmäßigkeiten beim Rückwärtsfließpressen geometrisch ähnlicher Näpfe**
Von Dipl.-Ing. Dieter Kast. 101 Seiten Text u. 73 Seiten mit 60 Bildern u. 6 Tafeln. Vergriffen

14 **Untersuchungen über das Genauschneiden von Stahl und Nichteisenmetallen**
Von Dipl.-Ing. Wilfried Krämer. 96 Seiten Text u. 132 Seiten mit 128 Bildern u. 10 Tafeln. Vergriffen

15 **Entwicklung und Erprobung eines Simulators zur reproduzierbaren Nachahmung der Kraft-Weg-Verläufe von Umformvorgängen**
Von Dipl.-Ing. Kurt Schmid. 88 Seiten Text u. 38 Seiten mit 35 Bildern u. 2 Tafeln. 17,— DM

16 **Walzrichten von Metallbändern mit symmetrisch angestellter Fünf-Walzen-Richtmaschine**
Von Dipl.-Ing. Hans-Dietrich Witte. 108 Seiten Text u. 63 Seiten mit 60 Bildern u. 8 Tafeln. 22,— DM

17/18 **Erzeugung räumlicher Blechgebilde mittels Flächenbiegung**
Konstruktion, Abwicklung und Herstellung von Schraubtorsen aus Blech
Von Prof. Dr.-Ing. E. h. Dr. techn. h. c. Otto Kienzle.
120 Seiten Text u. 55 Seiten mit 86 Bildern u. 3 Tafeln. 22,— DM

19 **Einfluß der Alterung auf die mechanischen Eigenschaften von Stählen zum Kaltfließpressen**
Von Dipl.-Ing. Vladimir Hasek, CSc. 43 Seiten Text u. 54 Seiten mit 50 Bildern u. 3 Tafeln. 16,— DM

20 **Beitrag zur Frage der Spannungen, Formänderungen und Temperaturen beim axialsymmetrischen Strangpressen**
Von Dipl.-Ing. Rolf Dalheimer. 118 Seiten Text u. 76 Seiten mit 79 Bildern u. 3 Tafeln. Vergriffen

21 **Über den Einfluß der Werkzeuggeschwindigkeit auf den Stauchvorgang**
Von Dipl.-Ing. H.-J. Metzler. 127 Seiten Text u. 100 Seiten mit 94 Bildern u. 6 Tafeln. 25,— DM

22 **Numerische Behandlung von Verfahren der Umformtechnik**
Von Dr.-Ing. Elmar Steck. 67 Seiten Text u. 22 Seiten mit 43 Bildern. 16,— DM

23 **Ein Verfahren zur näherungsweisen Berechnung der Wärmeentwicklung und der Temperaturverteilung beim Kaltstauchen von Metallen**
Von Dipl.-Ing. Walther Pohl. 78 Seiten Text u. 51 Seiten mit 61 Bildern u. 4 Tafeln. 21,— DM

24 **Untersuchungen über das Drückwalzen zylindrischer Hohlkörper und Beitrag zur Berechnung der gedrückten Fläche und der Kräfte**
Von Dipl.-Ing. Hans-Jurgen Dreikandt. 161 Seiten Text u. 79 Seiten mit 73 Bildern u. 6 Tafeln. Vergriffen

25 **Über den Formänderungs- und Spannungszustand beim Ziehen von großen unregelmäßigen Blechteilen**
Von Dipl.-Ing. Vladimir Hasek, CSc. 129 Seiten Text u. 106 Seiten mit 109 Bildern u. 9 Tafeln. 35,— DM

26 **Über die Anisotropie des plastischen Verhaltens stranggepreßter Stäbe aus hexagonalen Metallen**
Von Dipl.-Ing. Günther Schröder. 129 Seiten Text u. 75 Seiten mit 97 Bildern u. 2 Tafeln. Vergriffen

27 **Die Messung der mechanischen Kontaktspannung in der Wirkfuge Werkzeug — Werkstück bei Umformverfahren**
Von Dipl.-Ing. Fritz Dohmann. 99 Seiten Text u. 82 Seiten mit 93 Bildern u. 4 Tafeln. Vergriffen

28 **Beitrag zur rechnerunterstützten Auslegung von Pressengestellen**
Von Dipl.-Ing. Manfred Geiger. 94 Seiten u. 56 Seiten mit 63 Bildern. Vergriffen

29 **Untersuchungen über das Aufweittiefziehen**
Von P. S. Raghupathi, M. E. ISBN 3-7736-0780-6
80 Seiten Text u. 54 Seiten mit 73 Bildern u. 2 Tafeln 32.- DM

30 **Faltenbildung als Verfahrensgrenze beim Stauchen von Hohlkörpern**
Von Dipl.-Ing. Klaus Dieterle. ISBN 3-7736-0781-4
55 Seiten Text u. 35 Seiten mit 43 Bildern u. 3 Tafeln 28.- DM

31 **Beitrag zur Ermittlung von Fließkurven im kontinuierlichen hydraulischen Tiefungsversuch**
Von Dipl.-Ing. Franc Gologranc. ISBN 3-7736-0785-7
125 Seiten Text u. 58 Seiten mit 95 Bildern u. 6 Tafeln Vergriffen

32 **Untersuchungen an Strangpreßmatrizen**
Von Dipl.-Ing. Klaus Gieselberg. ISBN 3-7736-0786-5
101 Seiten Text u. 56 Seiten mit 69 Bildern 45.- DM

33 **Beitrag zur Messung der Strangoberflächentemperatur beim Strangpressen**
Von Dipl.-Ing. Karl-Heinz Friedrich. ISBN 3-7736-0787-3
83 Seiten Text u. 90 Seiten mit 84 Bildern u. 3 Tafeln 48.- DM

34 **Über das Umformverhalten von Blechen aus Titan und Titanlegierungen**
Von Dipl.-Ing. Hans Wilhelm. ISBN 3-7736-0788-1
107 Seiten Text u. 69 Seiten mit 76 Bildern u. 13 Tafeln Vergriffen

35 **Untersuchung der magnetischen Induktion, Stromdichte und Kraftwirkung bei der Magnetumformung**
Von Dipl.-Ing. Volker Schmidt. ISBN 3-7736-0789-X
60 Seiten Text u. 53 Seiten mit 84 Bildern 21.- DM

36 **Der Stofffluß beim kombinierten Napffließpressen**
Von Dipl.-Ing. Rolf Geiger. ISBN 3-7736-0790-3
111 Seiten Text u. 74 Seiten mit 80 Bildern u. 6 Tafeln Vergriffen

37 **Beitrag zum Verhalten superplastischer Werkstoffe beim Massivumformen**
Von Dipl.-Ing. Hans Schelosky. ISBN 3-7736-0791-1
123 Seiten Text u. 61 Seiten mit 60 Bildern u. 4 Tafeln Vergriffen

38 **Energieumsatz beim elektrohydraulischen Umformen**
Von Dipl.-Ing. Hans-Joachim Weckerle. ISBN 3-7736-0792-X
103 Seiten Text u. 46 Seiten mit 56 Bildern 45.- DM

39 **Elastische Wechselwirkungen an Gestell und Hauptgetriebe weggebundener Pressen**
Von Dipl.-Ing. Lutz Schemperg. ISBN 3-7736-0793-8
91 Seiten Text u. 58 Seiten mit 65 Bildern u. 3 Tafeln 45.– DM

40 **Über das plastische Verhalten von Sintermetallen bei Raumtemperatur**
Von Dipl.-Ing. Hartmut Honeß. ISBN 3-7736-0794-6
84 Seiten Text u. 54 Seiten mit 67 Bildern u. 2 Tafeln Vergriffen

41 **Untersuchungen zum Halbwarmfließpressen von Stahl**
Von Dr.-Ing. Rolf Geiger, Dipl.-Ing. Eckart Dannenmann und Dipl.-Ing. Jean Stefanakis.
ISBN 37736-0795-4. 50 Seiten Text u. 33 Seiten mit 34 Bildern u. 2 Tafeln. Vergriffen

42 **Änderung der Werkstoffeigenschaften beim Ziehen von zylindrischen Hohlkörpern aus austenitischen und ferritischen nichtrostenden Stählen**
Von Dipl.-Ing. Rolf Zeller. ISBN 3-7736-0796-2
80 Seiten Text u. 52 Seiten mit 34 Bildern u. 2 Tafeln Vergriffen

43 **Untersuchungen über das Fließpressen superplastischer Werkstoffe**
Von Dr.-Ing. Hans Schelosky. ISBN 3-7736-0797-0
36 Seiten Text u. 24 Seiten mit 26 Bildern u. 1 Tafel. Vergriffen

44 **Umformende Bearbeitung in flexiblen Fertigungssystemen**
Von Dipl.-Ing. Hartmut Kaiser. ISBN 3-7736-0798-9
87 Seiten Text u. 24 Seiten mit 47 Bildern 36.– DM

45 **Geometrische Eigenschaften tiefgezogener kreiszylindrischer Näpfe**
Von Dipl.-Ing. Dieter Schlosser. ISBN 3-7736-0799-7
107 Seiten Text u. 64 Seiten mit 60 Bildern u. 9 Tafeln 48.- DM

46 **Die Eigenschaften einer AlZnMgCu-Legierung nach ausgewählten Kombinationen von Wärmebehandlung und Kaltumformung**
Von Dipl.-Ing. Karl Hankele. ISBN 3-7736-0880-2
86 Seiten Text u. 51 Seiten mit 52 Bildern u. 4 Tafeln 45.- DM

47 **Kaltmassivumformen von Sintermetall**
Von Dipl.-Ing. Hans Dieter Schacher. ISBN 3-7736-0881-0
84 Seiten Text u. 44 Seiten mit 47 Bildern u. 5 Tafeln 42.- DM

48 **Rechnerunterstützte Arbeitsplanerstellung und Kostenrechnung beim Kaltmassivumformen von Stahl**
Von Dipl.-Ing. Peter Noack. ISBN 3-7736-0882-9
216 Seiten Text u. 116 Seiten mit 134 Bildern u. 23 Tafeln. 65.- DM

49 **Beitrag zur beanspruchungsgerechten Auslegung von rotationssymmetrischen Fließpreßmatrizen**
Von Dipl.-Ing. Gunther Kramer. ISBN 3-7736-0883-7
94 Seiten Text u. 53 Seiten mit 56 Bildern Vergriffen

50 **Erzeugung gratfreier Schnittflächen durch Aufteilen des Schneidvorgangs (Konterschneiden)**
Von Dipl.-Ing. Heinz Liebing. ISBN 3-7736-0884-5
87 Seiten Text u. 51 Seiten mit 55 Bildern u. 4 Tafeln. 46.– DM

51 **Berechnung der elastischen Eigenschaften von Baugruppen im Pressenbau**
Von Dipl.-Ing. Herbert Blum ISBN 3-540-09804-6.
151 Seiten mit 55 Abbildungen. Vergriffen

52 **Untersuchung der Verfahrensgrenzen beim 180°-Biegen von Fein- und Mittelblechen**
Von Dipl.-Phys. Wolfgang Schaub. ISBN 3-540-09881-X.
65 Seiten mit 24 Abbildungen. 38.– DM

53 **Abstreckgleitziehen von nichtrostenden austenitischen Stählen**
Von Dipl.-Ing. Jobst-H. Kerspe. ISBN 3-540-09882-8.
109 Seiten mit 36 Abbildungen. 43,– DM

54 **Fließpressen von Stahl im Temperaturbereich 773 K (500°C) bis 1073 K (800°C)**
Von Dipl.-Ing. Ulrich Diether. ISBN 3-540-09959-X.
165 Seiten mit 80 Abbildungen. 48,– DM

55 **Die numerisch gesteuerte Radial-Umformmaschine und ihr Einsatz im Rahmen einer flexiblen Fertigung**
Von Dipl.-Ing. Peter Metzger. ISBN 3-540-10073-3.
158 Seiten mit 65 Abbildungen. 43,– DM

56 **Möglichkeiten zur Steuerung des Stoffflusses beim Ziehen großer unregelmäßiger Blechteile**
Von Dr.-Ing. Vladimir V. Hasek. ISBN 3-540-10074-1.
193 Seiten mit 96 Abbildungen. 48,– DM

57 **Beitrag zur Arbeitsgenauigkeit des Kaltmassivumformens**
Von Dipl.-Ing. Herbert Leykamm. ISBN 3-540-10363-5.
165 Seiten mit 84 Abbildungen und 5 Tabellen.. 48,– DM

58 **Untersuchungen über das Verjüngen von zylindrischen Vollkörpern**
Von Dipl.-Ing. Helmut Binder. ISBN 3-540-10466-6.
146 Seiten mit 50 Abbildungen und 3 Tabellen. 43,– DM

59 **Umformverhalten legierter Sintereisen**
Von Dipl.-Ing. Manfred Stilz. ISBN 3-540-11051-8.
170 Seiten mit 75 Abbildungen und 5 Tabellen. 48,– DM

60 **Interaktives Programmsystem zur Erstellung von Fertigungsunterlagen für die Kaltmassivumformung**
Von Dipl.-Ing. Michael Rebholz. ISBN 3-540-11052-6.
121 Seiten mit 46 Abbildungen. 43,– DM

61 **Beitrag zum Ziehen von Blechteilen aus Aluminiumlegierungen**
Von Dipl.-Ing. Michael Blaich. ISBN 3-540-11067-4.
141 Seiten mit 64 Abbildungen und 5 Tabellen. 43,– DM

62 **Auslegung von rotationssymmetrischen Fließpreßwerkzeugen im Bereich elastisch-plastischen Werkstoffverhaltens**
Von Dipl.-Ing. Thomas Neitzert. ISBN 3-540-11623-0.
159 Seiten mit 51 Abbildungen. 53,– DM

63 **Fließpressen von Sintermetall im Temperaturbereich zwischen 873 K (600°C) und 1173 K (900°C)**
Von Dipl.-Ing. Wolfgang Schaub. ISBN 3-540-11678-8.
160 Seiten mit 85 Abbildungen und 9 Tabellen. 53,– DM

64 **Rechnerunterstützte Konstruktion von Umformwerkzeugen und die Fertigungsplanung von Werkzeugelementen**
Von Dipl.-Ing. Dieter Steuss. ISBN 3-540-11856-X.
178 Seiten mit 87 Abbildungen und 6 Tabellen. 53,– DM

65 **Möglichkeiten und Grenzen des Kaltgesenkschmiedens als eine fertigungstechnische Alternative für kleine, genaue Formteile**
Von Dipl.-Ing. Khang Hoang-Vu. ISBN 3-540-11876-4.
156 Seiten mit 62 Abbildungen und 5 Tabellen. 53,– DM

66 **Einsatz numerischer Näherungsverfahren bei der Berechnung von Verfahren der Kaltmassivumformung.**
Von Dipl.-Ing. Karl Roll. ISBN 3-540-11910-8.
166 Seiten mit 49 Abbildungen und 2 Tabellen. 53,– DM

67 **Untersuchung über das Verjüngen von dickwandigen, zylindrischen Hohlkörpern**
Von Dipl.-Ing. Knut Haarscheidt. ISBN 3-540-12229-X.
124 Seiten mit 58 Abbildungen und 6 Tabellen. Vergriffen

68 **Rechnerunterstützte Optimierung des Tiefziehens unregelmäßiger Blechteile**
Von Dipl.-Ing. Hans Glöckl. ISBN 3-540-12522-1.
143 Seiten mit 60 Abbildungen. Vergriffen

69 **Hydrostatisches Fließpressen: Verfahrensparameter und Werkstückeigenschaften**
Von Dipl.-Ing. Jobst H. Kerspe. ISBN 3-540-12537-X.
123 Seiten mit 69 Abbildungen und 5 Tabellen. 58,– DM

70 **Untersuchungen zum Halbwarmfließpressen von Automatenstählen**
Von Dipl.-Ing. Eberhard Nehl. ISBN 3-540-12568-X.
145 Seiten mit 104 Abbildungen. 58,– DM

71 **Entwicklung und Anwendung neuer Schmierstoffprüfverfahren für die Kaltmassivumformung**
Von Dipl.-Ing. Thomas Gräbener. ISBN 3-540-12836-0.
140 Seiten mit 65 Abbildungen. 58,– DM

72 **Einfluß der Blechoberfläche beim Ziehen von Blechteilen aus Aluminiumlegierungen**
Von Dipl.-Ing. Erhard Mössle. ISBN 3-540-12837-9.
142 Seiten mit 62 Abbildungen und 6 Tabellen. 58,– DM

73 **Werkzeugverschleiß in der Massivumformung**
Von Dipl.-Ing. Matthias Weiergräber. ISBN 3-540-13033-0.
72 Seiten mit 36 Abbildungen und 2 Tabellen. 58,– DM

74 **Grundlagen der Umformtechnik I · Fundamentals of Metal Forming Technique I**
298 Seiten. ISBN 3-540-13039-X. 58,– DM

75 **Grundlagen der Umformtechnik II · Fundamentals of Metal Forming Technique II**
280 Seiten. ISBN 3-540-13040-3. 58,– DM

76 **Herstellung und Versteifungswirkung von geschlossenen Halbrundsicken**
Von Dipl.-Ing. Michael Widmann. ISBN 3-540-13172-8.
150 Seiten mit 63 Abbildungen. 63,– DM

77 **Kostenoptimierter Einsatz der Radialumformmaschine in gemischten, flexiblen Fertigungssystemen**
Von Dipl.-Ing. Michael Dostal. ISBN 3-540-13286-4.
121 Seiten mit 61 Abbildungen. 63,– DM

78 **Rechnerische Ermittlung von Zustandsgrößen beim Radialumformen**
Von Dipl.-Ing. Roland Paukert. ISBN 3-540-13287-2.
131 Seiten mit 57 Abbildungen und 1 Tabelle. 63,– DM

79 **Numerische Steuerung einer flexiblen Bearbeitungseinheit zum Radialumformen**
Von Dipl.-Ing. Helmut Noller. ISBN 3-540-13550-2.
120 Seiten mit 41 Abbildungen und 2 Tabellen. 63,– DM

80 **Vergleichende Betrachtung der Verfahren zur Prüfung der plastischen Eigenschaften metallischer Werkstoffe**
Von Dr.-Ing. Klaus Pöhlandt. ISBN 3-540-13578-2.
178 Seiten mit 43 Abbildungen und 11 Tabellen. 63,– DM

81 **Aufweitung von Fließpreßmatrizen mit überlagerter thermischer und mechanischer Beanspruchung**
Von Dipl.-Ing. Ewald Kling. ISBN 3-540-15755-7.
139 Seiten mit 61 Abbildungen und 1 Tabelle. 63,– DM

82 **Messung des Werkzeugverschleißes bei der Kalt- und Halbwarmumformung mit Radionukliden**
Von Dipl.-Ing. Eberhard Nehl. ISBN 3-540-16497-9.
131 Seiten mit 55 Abbildungen und 11 Tabellen. 68,– DM

83 **Ermittlung von Eigenspannungen in der Kaltmassivumformung**
Von A. Erman Tekkaya. ISBN 3-540-16498-7.
162 Seiten mit 60 Abbildungen und 2 Tabellen. 68,– DM

84 **Korrosionsbeständigkeit tiefgezogener rotationssymmetrischer Werkstücke aus austenitischen Stählen**
Von Dipl.-Ing. Matthias Weiergräber. ISBN 3-540-16560-6.
137 Seiten mit 63 Abbildungen und 4 Tabellen. 68,– DM

85 **Simulation of Metal Forming Processes by the Finite Element Method (SIMOP-I)**
Workshop Stuttgart 1985. ISBN 3-540-16592-4.
316 Seiten mit 147 Abbildungen und 3 Tabellen. 68,– DM

86 **Beanspruchung von Napf-Rückwärts-Fließpreßmatrizen aus Keramik infolge mechanischer Belastung und Temperatureinwirkung**
Von Dipl.-Ing. Winfried Nester. ISBN 3-540-16845-1.
148 Seiten mit 66 Abbildungen und 2 Tabellen. 68,– DM

87 **Einfluß von Oberflächenbeschichtungen auf den Werkzeugverschleiß bei der Massivumformung**
Von Dipl.-Ing. Harald Westheide. ISBN 3-540-16846-X.
146 Seiten mit 84 Abbildungen und 9 Tabellen. 68,– DM

88 **Hydrostatisches Fließpressen von Profilen unter Verwendung von Matrizen mit stetigem Übergang**
Von Dipl.-Ing. Suwandi Sugondo. ISBN 3-540-16847-8.
130 Seiten mit 59 Abbildungen und 7 Tabellen. 68,– DM

89 **Untersuchungen über das kombinierte Quer-Napf-Vorwärts-Fließpressen**
Von Dipl.-Ing. Walter Osen. ISBN 3-540-17349-8.
153 Seiten mit 66 Abbildungen. 68,– DM

90 **Werkstoff und Umformung**
1. Workshop Stuttgart, 1986. ISBN 3-540-17370-6.
224 Seiten 68,– DM

91 **Beanspruchungsgerechte Auslegung von Fließpreßwerkzeugen mit numerischen Berechnungsmethoden**
Von Dipl.-Ing. Vu The Cuong. ISBN 3-540-17472-9.
169 Seiten mit 80 Abbildungen und 12 Tabellen. 68,– DM

92 **Der Kerbzugversuch als Einfachprüfverfahren für das richtungsabhängige Umformvermögen von Blechwerkstoffen**
Von Dipl.-Phys. Christian Weist. ISBN 3-540-17666-7.
96 Seiten mit 48 Abbildungen und 5 Tabellen. 68,– DM

93 **Querfließpressen eines Flansches oder Bundes an zylindrischen Vollkörpern aus Stahl**
Von Dipl.-Ing. Winfried Schätzle. ISBN 3-540-17929-1.
129 Seiten mit 67 Abbildungen und 3 Tabellen. 68,– DM

94 **Untersuchung des Werkzeugbruches beim Voll-Vorwärts-Fließpressen**
Von Dipl.-Ing. Willi Reiss. ISBN 3-540-18376-0.
159 Seiten mit 69 Abbildungen und 3 Tabellen. 68,– DM

95 **Grundlagen für das Kaltwalzen von Voll- und Hohlkörpern nach dem Grob-Verfahren**
Von Dipl.-Ing. Norbert Kurz. ISBN 3-540-18509-7.
163 Seiten mit 72 Abbildungen und 5 Tabellen. 68,– DM

96 **Rechnergestützte Fertigung von Sonderprofilen auf der Radialumformmaschine**
Von Dipl.-Ing. Andreas Wöhr. ISBN 3-540-19161-5.
141 Seiten mit 80 Abbildungen. 73,– DM

97 **Optimierung der Oberflächenmikrogeometrie von Aluminiumfeinblech für das Karosserieziehen**
Von Dipl.-Ing. Rainer Balbach. ISBN 3-540-50168-1.
161 Seiten mit 86 Abbildungen. 73,– DM

98 **Ermüdungsverhalten von massivumgeformten bauteilähnlichen Proben aus Stahl**
Von Dipl.-Ing. Wolfgang Schwab. ISBN 3-540-50805-8.
142 Seiten mit 81 Abbildungen und 3 Tabellen. 73,– DM

99 **Optimaler Energieeinsatz bei der Fertigung durch Massivumformung**
Von Dipl.-Ing. Thomas Herlan. ISBN 3-540-50876-7.
204 Seiten mit 63 Abbildungen und 3 Tabellen. 73,– DM

100 **Ermittlung der Fließkurven von Feinblechen im ebenen Torsionsversuch**
Von Dipl.-Ing. Michael Bauer. ISBN 3-540-51117-2.
210 Seiten mit 76 Abbildungen und 7 Tabellen. 73,– DM

101 **Numerische Simulation dreidimensionaler Umformvorgänge mit Einbezug des Temperaturverhaltens**
Von Dipl.-Ing. Jürgen Gerhardt. ISBN 3-540-51331-0.
148 Seiten mit 59 Abbildungen und 2 Tabellen. 73,– DM

102 **Interaktives rechnergestütztes System zur Konstruktion von Werkzeugen für die Kalt-Massivumformung**
Von Dipl.-Ing. Frank D. Ilzig. ISBN 3-540-51492-9.
134 Seiten mit 69 Abbildungen. 73,– DM

103 **Werkzeugverformungen beim Strangpressen und ihre Auswirkungen auf die Produktgenauigkeit**
Von Rolf Bulander. ISBN 3-540-51586-0.
165 Seiten mit 66 Abbildungen und 5 Tabellen. 73,– DM

104 **Prüfung des Einflusses von Schmierstoffadditiven auf das Tribosystem bei der Kaltmassivumformung**
Von Dipl.-Ing. Uwe Horlacher. ISBN 3-540-52176-3.
161 Seiten mit 70 Abbildungen und 5 Tabellen. 73,– DM

105 **Rechnerunterstützte Konstruktion von rotationssymmetrischen Schmiedeteilen und Warmfließpreßwerkzeugen**
Von Ekkehard Körner. ISBN 3-540-52635-8.
174 Seiten mit 85 Abbildungen und 7 Faltseiten. 78,– DM

106 **Einflußgrößen auf den Werkzeugbruch beim Voll-Vorwärts-Fließpressen**
Von Arndt Hettig. ISBN 3-540-52816-4.
161 Seiten mit 71 Abbildungen und 7 Tabellen. 78,– DM

107 **Weiterentwicklung des Torsionsversuches in Theorie und Praxis**
Von Andreas Gräber. ISBN 3-540-52817-2.
154 Seiten mit 65 Abbildungen und 4 Tabellen. 78,– DM

108 **Beitrag zur Optimierung der Fertigungsfolge Kaltmassivumformen und Spanen**
Von Hans-Joachim Keller. ISBN 3-540-52883-0.
165 Seiten mit 75 Abbildungen und 5 Tabellen. 78,– DM

109 **Ermittlung der Fließkurven und der Anisotopie-Eigenschaften metallischer Werkstoffe im Rastegaev-Stauchversuch**
Von Thomas Friedrich Oberländer. ISBN 3-540-53154-8.
174 Seiten mit 91 Abbildungen und 9 Tabellen. 78,– DM

110 **Ermüdungsverhalten von Fließpreßteilen aus Sintermetall**
Von Bernd Hager. ISBN 3-540-53585-3.
130 Seiten mit 70 Abbildungen und 3 Tabellen. 78,– DM

111 **Ein wissensbasiertes System zur Stadienplanermittlung beim Kaltmassivumformen**
Von Guohui Du. ISBN 3-540-53980-8.
163 Seiten mit 66 Abbildungen. 78,– DM

112 **Aufweitungsverhalten von Fließpreßmatrizen mit nichtrotationssymmetrischer Innenform Berechnungen mit der Boundary-Element-Methode**
Von Karsten-F. Hoffmann. ISBN 3-540-54573-5.
182 Seiten mit 73 Abbildungen und 7 Tabellen 78,– DM

113 **Ein Beitrag zur Überwachung und Diagnose beim Radialumformen am Beispiel der Radialumformmaschine RUMX-2000**
Von Egon Hüfner. ISBN 3-540-55157-3.
156 Seiten mit 54 Abbildungen und 5 Tabellen. 88,– DM

114 **Datenaustausch bei der Prozeßsimulation in der Umformtechnik**
Von Shaolin Wang. ISBN 3-540-55268-5.
177 Seiten mit 67 Abbildungen und 12 Tabellen. 88,– DM

115 **Verschleißminderung an Werkzeugen der Kaltmassivumformung durch Ionenstrahltechniken**
Von Christian Weist. ISBN 3-540-55453-X.
164 Seiten mit 86 Abbildungen und 9 Tabellen. 88,– DM

116 **Anwendungsorientiertes CAD-System zur Werkzeugkonstruktion für die Kaltmassivumformung**
Von Wolfgang Makosch. ISBN 3-540-55466-1.
166 Seiten mit 72 Abbildungen und 9 Tabellen. 88,– DM

117 **Grundlagenuntersuchung über das Taumelpressen**
Von Joachim Schondelmaier. ISBN 3-540-55589-7.
177 Seiten mit 92 Abbildungen und 1 Tabelle. 88,– DM

118 **Beitrag zur Fertigung von schrägverzahnten Stirnrädern durch Querfließpressen**
Von Felix Schmieder. ISBN 3-540-56548-5.
188 Seiten mit 94 Abbildungen und 4 Tabellen. 88,– DM

119 **Eigenspannungen und Spannungsrißkorrosion tiefgezogener Werkstücke aus CuZn-Legierungen**
Von Lothar Brückner. ISBN 3-540-57377-1.
152 Seiten mit 106 Abbildungen und 5 Tabellen. 88,– DM

120 **Auslegung von Fließpreßmatrizen mit der Boundary-Element-Methode im Verbund mit CAD-Systemen**
Von Jianhua Su. ISBN 3-540-57923-0.
168 Seiten mit 82 Abbildungen und 5 Tabellen. 88,– DM

121 **Beitrag der Prozeßsimulation zur Entwicklung komplexer Kaltumformteile**
Von Volker Szentmihályi. ISBN 3-540-57967-2.
152 Seiten mit 68 Abbildungen und 6 Tabellen. 88,– DM

122 **Weiterentwicklung von Verfahren zur Aufnahme von Fließkurven im Bereich hoher Umformgrade**
Norbert Becker. ISBN 3-540-58442-0.
147 Seiten mit 95 Abbildungen und 2 Tabellen. 88,– DM

Die Bände sind im Erscheinungsjahr und in den folgenden drei Kalenderjahren zu beziehen durch den örtlichen Buchhandel oder durch Lange & Springer, Otto-Suhr-Allee 26-28, 10585 Berlin.

GPSR Compliance

The European Union's (EU) General Product Safety Regulation (GPSR) is a set of rules that requires consumer products to be safe and our obligations to ensure this.

If you have any concerns about our products, you can contact us on ProductSafety@springernature.com

In case Publisher is established outside the EU, the EU authorized representative is:

Springer Nature Customer Service Center GmbH
Europaplatz 3
69115 Heidelberg, Germany

Batch number: 10682421

Printed by Printforce, the Netherlands